초등학생이
가장 궁금해하는
위기 탈출 날씨
이야기 30

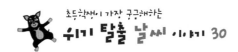

초등학생이 가장 궁금해하는
위기 탈출 날씨 이야기 30

2014년 1월 17일 초판 1쇄 발행
2017년 5월 30일 초판 2쇄 발행

지은이 | 노하선
그린이 | 우디 크리에이티브스
펴낸이 | 한승수
마케팅 | 이일권
편집 | 고은정, 이다연

펴낸곳 | 하늘을나는교실
등록 | 제395-2009-000086호
전화 | 02-338-0084
팩스 | 02-338-0087
E-mail | hvline@naver.com

ⓒ 노하선, 우디 크리에이티브스 2014

ISBN 978-89-94757-11-7 64400
ISBN 978-89-963187-0-5(세트)

빨래에 묻어 있던 물방울들은 모두 어디로 갔을까?

내일이 기다리고 기다리던 놀이동산 가는 날이라면 가장 먼저 할 일은 무엇일까? 어떤 놀이기구를 탈지 계획도 짜야겠고, 나들이를 더욱 즐겁게 해 줄 맛있는 간식도 준비해야겠지. 하지만 무엇보다 내일 날씨가 어떨지 알아보는 게 우선이야. 완벽한 계획을 짜고 맛있는 간식을 준비한다 해도 비가 와 버리면 아무 소용이 없잖아. 이렇듯 날씨는 우리 생활에 많은 영향을 미쳐. 그런데 정작 덥거나 춥고, 바람이 불고, 구름이 끼고, 비나 눈이 오는 등 날마다 날씨가 변하는 이유는 잘 모르지 않니?

그런데 조금만 관심을 가지고 주변을 살펴 보면 이런저런 날씨 현상이 일어나는 원인을 알 수 있어. 예를 들어 엄마가 베란다에 물에 젖은 빨래를 널어 놓고 한참 지나면 빨래가 보송보송 마르는 것을 본 적이 있을 거야. 빨래에 흠뻑 스며들어 있던 그 많은 물방울들은 도대체 어디로 사라졌을까? 물방울들은 증발하여 공기 속으로 들어갔지.

그럼 좀 다른 질문을 해 볼까? 나무나 풀들을 싱싱하게 살려 내는 고마운 비는 어디서 왔을까? 그건 누구나 다 알듯이 구름에서 왔어. 그렇다면 구름은 어디서 왔을까? 구름이 어디서 왔는지 대답하기 어렵다면 힌트를 하나 주지. 그것은 구름은 물방울들이 모여서 만들어졌다는 거야. 하늘에 둥둥 떠다니는 구름이 물방울이라면 땅으로 떨어지지 않고 어떻게 공중에 떠 있을 수 있냐고 물을지도 몰라. 그런데 물방울이 공기 알갱이처럼 아주 작고 가볍다면 공기가 공중에 떠 있듯이 물방울도 하늘에 떠 있을 수 있지 않을까? 아주 작고 가벼우니까 말이야.

구름이 아주 작고 가벼운 물방울들이 모여 있는 것임을 안다면 구름이 어디서 왔는가 하는 질문에도 대답할 수 있어. 구름이 어디서 왔는가 하는 질문은 물방울은 어디서 왔는가 하는 질문과 같기 때문이지.

맨 처음 엄마가 널어놓은 빨래에 스며 있던 물방울들이 증발하여 공기 속으로 들어갔다고 했잖아? 이렇게 증발한 수증기는 따뜻한 공기를 따라 하늘 높은 곳에 올라가 골목길 웅덩이나 강이나 바다 등에서 온 수증기들과 만나 서로 엉켜서 구름이 되지. 구름의 물방울들이 서로 뭉쳐 덩치가 커지고 무거워지면 비가 되어 땅으로 내려오는 거야.

빨래의 물방울이 어디로 갔을까 생각하다 보니 구름과 비라는 날씨 현상의 원인을 알게 되었어. 또 구름이나 비가 엄마의 빨래와 아무 상관이 없는 것이 아니라 밀접한 관계에 있다는 것도 알게 되었지. 이 책은 우리 주변에서 일어나는 모든 날씨 현상의 원인과 결과에 대해 쉽고 자세하게 알려 줄 거야.

이제 두 장을 넘기면 아주 흥미진진하고 재미있는 이야기가 시작돼. 기상 캐스터가 꿈인 단비가 미래에서 온 강아지 깜상과 함께 벌이는 웃기면서도 따뜻하고 아슬아슬한 이야기 속으로 우리 함께 떠나 볼래?

2014년 1월 노하선

차례

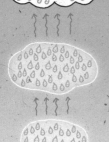

1. 날씨

오늘은 떡볶이가 공짜!

20**년 9월 1일
오늘은 내 생일이야. 엄마는 포장마차로 친구들을 초대했어.

쏴아아아

와~

대박!!

우아, 맛있겠당

이 순간을 위해 점심도 안 먹었다고요.

단비 생일에 와 줘서 고마워. 많이 먹어잉

두둥~

아~ 천상의 맛이야.

우적우적! 쩝쩝!

너흰 먹는 거밖에 모르니?
생일 축하해. 이건 선물.

고마워.

뭐 별거
아니야.

아, 미안. 나도
선물 있는데….
생일 축하해.

쩝쩝쩝. 나도 축하.

다들 고마워.

이건 엄마 선물.

웬 일기장이에요?

네 꿈이 기상 캐스터잖아. 날씨 공부한 거 거기다 매일 적으라고.

야~ 날씨 박사 단비에겐 딱인 선물인걸.

날씨 박사는 무슨….

왜, 오늘 비 올 것도 네가 맞혔잖아. 어떻게 안 거야?

학교 화단에 지렁이가 나와 있기에 비가 올 거라 생각했지.

야, 날이 갰다.

이렇게 자꾸 날씨가 바뀌는 이유는 뭘까?

날씨는
왜 생길까?

그건
말이지.

날씨가 왜 생기는지 이야기하기 전에 먼저 날씨가 무엇인지 알아야겠지? 날씨란 춥거나 덥거나 맑거나 흐리거나 비가 오거나, 또 바람이 불거나 하는 그날그날의 기상 상태를 말해. 이렇게 날마다 날씨가 달라지는 이유는 열에너지가 여기저기로 옮겨 다니기 때문이야. 그럼 날씨를 만드는 열에너지는 어디서 와서 어떻게 움직일까?

날씨를 만드는 열에너지는 태양으로부터 와. 지구에서 1억 5천만 킬로미터나 떨어져 있는 태양은 아주 뜨거운 열을 내뿜는데, 지구가 그 열을 받아서 따뜻해져.

태양열로 따뜻해진 지표면은 프라이팬처럼 그 위의 공기를 데우지. 공기를 데운다는 건 지표면이 품고 있던 태양의 열에너지가 공기로 옮겨진다는 거야. 이렇게 데워진 공기는 가벼워져서 위로 올라가. 그리고 차가운 하늘에서 식으면 다시 무거워져서 아래로 내려오지. 이렇게 차고 더운 공기 덩어리들이 서로 밀고 당기고 움직이면서 바람 등 날씨의 여러 모습을 보여 주는 거야.

그리고 공기가 움직이면 그 속에 수증기 상태로 있는 물도 함께 움직이지. 이 물이 하늘로 올라가 구름을 만들고 구름은 눈, 비, 천둥, 번개, 태풍 등 날씨를 만들어 내는 거야.

그러니까 태양, 공기, 물이 날씨를 만드는 삼총사라고 할 수 있어. 그리고 태양에서 지구로 중간에 아무런 물질도 없이 곧바로 열에너지가 전해지는 것을 복사라고 해. 또 열에너지를 받은 공기가 위로 올라갔다 열에너지를 잃고 내려오기를 되풀이하는 것을 대류라고 하지. 이건 뒤에서 선생님이 자세히 알려 주실 거야.

태양으로부터
열에너지가 지구에
전해지면서 구름과
바람과 비 등의
날씨 현상이 생겨.

앞에서 보았듯이 열은 계속 어딘가로 전해져. 그렇다고 해서 아무 데로나 막 전해지는 건 아니야. 열은 온도가 높은 물체에서 온도가 낮은 물체로 전해지지. 이렇게 열이 전해지는 방식에는 전도, 대류, 복사가 있어.

직접 닿아서 열을 전해 주는 전도

냉장고에서 차가운 달걀을 꺼내 가만히 손에 쥐고 있어 봐. 조금만 있어도 차갑던 달걀이 따뜻해지고 따뜻했던 손은 조금 차가워지지? 그것은 손에 있던 열이 달걀로 옮겨 갔기 때문이야. 이렇게 직접 닿아서 열이 전해지는 걸 전도라고 해. 어묵이 끓고 있는 냄비에 국자를 걸쳐 놓으면 금세 뜨거워지지? 그것도 전도 현상인데, 온도가 높은 냄비에서 온도가 낮은 국자로 열이 전해진 거야.

흘러 다니며 열을 퍼뜨리는 대류

포장마차에서 맛있게 끓고 있는 어묵 국물에서 고추나 파 같은 양념이 떠올랐다 가라앉는 걸 본 적이 있을 거야. 그런데 실제로 움직이는 건 양념이 아니라 국물이야. 양념은 그저 국물에 휩쓸려 다닐 뿐이야. 국물이 움직이는 이유는 뭘까?

솥 바닥의 열로 뜨거워진 국물은 가벼워져 위로 올라가. 그렇게 떠오른 뜨거운 국물은 온도가 낮은 공기에 열을 전해 주고 무거워져서 다시 솥 바닥으로 가라앉지. 이렇게 온도가 높아진 액체나 기체가 위로 올라왔다가 온도가 낮아지면 다시 아래로 내려가며 돌고 도는 것을 대류라고 해.

난로를 켜 놓으면 방 안의 공기가 따뜻해지는 것도 대류 현상이야. 난로의 열을
받아 따뜻해진 공기는 위로 올
라가고, 찬 공기는
내려왔다가 난로의
열을 받고 따뜻해져 다시 위
로 올라가지. 이런 식으로 공
기가 돌고 돌아서 방 전체가
따뜻해지는 거야.

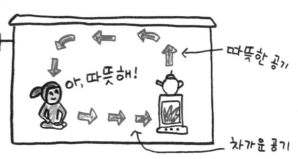

아무것도 통하지 않고 바로 열을 전하는 복사

복사란, 중간에 열을 옮겨 주는 물질 없이 온도가 높은 물체에서 낮은 물체로 열
이 직접 이동하는 것을 말해. 태양열이 텅 빈 우주 공간을 지나 지구에 전해지는
것이 대표적인 예야. 바로 이 태양의 복사에너지가 지구에 열을 전해 줘서 갖가지
날씨 현상을 일어나게 하지.
그런데 태양만 복사를 통해 열에너지를 전달하는 건 아니야. 겨울에 손이 꽁꽁
얼었을 때 난롯불을 쬐면 따뜻해지지? 그건 난로가 덥힌 공기가 돌고 돌아서 내
손에 와 닿는 대류도 아니고, 달궈진 난로의 열선을 손으로 직접 만져서 생기는 전
도도 아니야. 바로 난로의 열선에서 방출된 열에너지가 공기나
다른 물질을 통하지 않고 곧바로 손으로 전해지는
복사야. 이런 예는 우리 주변에 또 있어. 더운 여름
날, 친구들하고 가까이 있으면 더 덥지? 그것도 친구
들의 몸에서 방출된 열이 내 몸에 전해지는 복사 현
상 때문이야.

꿈을 얘기해 봐!

20**년 9월 5일
오늘 미술 시간엔 자신의 꿈을 그려서 발표했어.

나래초등학교.

민호의 꿈은 과학자구나.
자, 그럼 다음은 세미.

제 꿈은 영화배우입니다.

이 그림은 제가
칸 영화제에서
여우주연상을
받는 장면을
그린 것입니다.

저건 영화배우가 아니라
공주 같은데. 허세미
네 꿈은 공주 아니냐?

와하하~

흥, 내가 공주처럼 아주
귀한 사람인 건 맞지만,
그게 꿈은 아니야.

우~

웩!

허세미의
공주병을
누가 말려.

조용! 세미에게 묻고
싶은 게 있으면 물어 봐.

그럼 영화배우가
되기 위해 무엇을
하고 있나요?

예쁜 제 얼굴을 아주 소중히 가꾸고 있답니다.

우~

웩!

우~ 그만 내려 와라앙

너희들 나중에 사인해 달라고만 해 봐.

사인이라도 받으려면 다들 세미한테 잘 보여야겠는걸. 그럼 다음엔 봉민이 나오렴.

제 꿈은 만화가입니다. 유명한 만화가가 되어 돈을 아주 많이 벌 겁니다.

그래서 화성으로 우주 여행을 갈 겁니다.

만화가가 되는 게 꿈인가요, 우주 여행을 하는 게 꿈인가요?

꿈은 만화가가 되는 거고, 우주 여행은 꿈을 이룬 다음에 할 일입니다.

수철이 저 녀석, 또 무슨 트집을 잡으려고.

그런데 그 그림 좀 엉터리인데.

이렇게 멋진 그림이 엉터리라고요?

우주엔 공기가 없어서 우주복을 입어야 하는데 그림에선 안 입었잖아.

네가 뭘 잘 모르는 모양인데, 언젠간 화성을 지구처럼 만들어 우주복을 입지 않고도 살 수 있게 된다고.

15

웃기지 마. 사람이 숨 쉴 수 있는 공기가 있는 곳은 지구뿐이야.

아, 콧구멍 간지러워.

저게 알지도 못하면서 까불어.

이제 그만. 수철이 말도 맞고, 봉민이 말도 맞아.

현재 알려진 사실만 놓고 보면 사람이 숨 쉴 수 있는 공기가 있는 곳은 지구뿐이야.

저봐!

화성을 지구처럼 사람이 살 수 있는 곳으로 만들려는 계획이 있는 것도 사실이야.

들었지? 내 말이 엉터리가 아닌 거 알겠어?

앗싸!

그런데 계획대로 될진 아무도 몰라.

될지 안 될지 모르면 없는 거나 마찬가지죠?

하지만 미래는 너희들 손에 달려 있잖아? 앞으로 얼마든지 될 수도 있지.

선생님 말씀 들었지? 우리가 노력하면 무엇이든 될 수 있는 거라고.

그런데 이건 기억해 두자. 지구와 같이 생명이 숨 쉴 수 있는 행성은, 끝없는 우주에서도 아주아주 드물다는 거.

다음은 단비.

제 꿈은 기상 캐스터입니다.

나래 초등학교

☆꿈의 나래를 펼쳐라☆

16

대기란 무엇일까?

그건 말이지.

대기란 지구를 둘러싸고 있는 공기층을 말해. 지구의 날씨 변화는 태양이 내뿜은 열에너지와 지구의 대기가 있어서 가능한 일이야. 대기가 있어야 데워진 공기가 연이어 돌고 도는 대류가 생기고, 공기의 흐름인 바람도 불지. 또 수증기가 대류를 통해 하늘로 올라가 구름이 되었다가 비가 되어 내리는 것도 대기가 있기 때문이야.

그런데 대기에게는 이것보다 더 중요한 역할이 있어. 바로 인간을 포함한 모든 생명의 보호막이 되어 준다는 거야. 산소, 질소, 이산화탄소 등의 기체로 이루어진 대기가 있어야 생명체가 숨을 쉬면서 살 수 있지. 그 밖에도 해로운 자외선을 막아 주고, 밤이 되면 낮에 받은 열을 품어서 갑자기 기온이 뚝 떨어지지 않게 하는 것도 전부 대기의 역할이야.

지구를 따뜻한 솜이불처럼 감싸고 있는 대기! 정말 고마워!

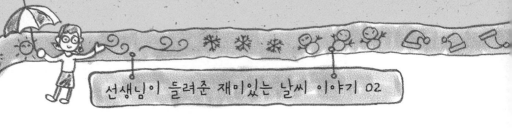

대기, 지구를 지켜라!

태양이 보내는 복사열 중에서 지표에 전달되는 건 50퍼센트 정도야. 대기는 나머지 복사열 중 20퍼센트를 흡수하고 30퍼센트는 반사해 버려. 그럼으로써 낮에는 복사열의 일부만 지면에 닿게 해서 지구가 너무 뜨거워지는 것을 막아 줘. 그리고 밤에는 낮 동안 흡수한 열을 내놓고 지표면에서 공중으로 빠져 나가는 열을 잡아 두어 지구의 온도가 심하게 떨어지지 않도록 해 주지. 만약 대기가 없었다면, 지구는 낮에는 너무 뜨겁고 밤에는 너무 추워서 도저히 생명체가 살 수 없었을 거야.

또 대기는 우주에서 날아오는 운석이라는 돌덩어리가 우리 머리 위로 떨어지지 않게 해 주기도 해. 우주 공간에는 아주 많은 운석들이 돌아다니는데, 이것들이 지구를 향해 떨어져도 도중에 대기와 마찰해서 타 버리지.

그리고 대기 중에 오존이라는 기체가 있는데 이건 햇빛에 들어 있는 해로운 자외선을 대부분 흡수해서 생명체를 보호해 준단다. 이쯤 되면 대기를 지구 방위군이라고 불러도 손색이 없겠지?

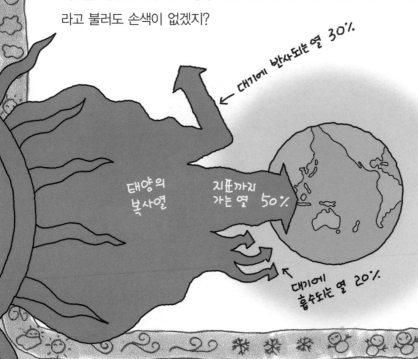

대기에 반사되는 열 30%

태양의 복사열

지표까지 가는 열 50%

대기에 흡수되는 열 20%

다른 행성에도 대기가 있을까?

태양 주위를 도는 행성은 수성, 금성, 지구, 화성, 목성, 토성, 천왕성, 해왕성, 이렇게 여덟 개야. 이 중에서 수성만 빼고 모든 행성에는 대기가 있단다.

그럼 대기만 있으면 다른 행성에서도 사람이 살 수 있을까? 그렇지는 않아. 무엇보다 다른 행성들의 대기에는 사람에게 꼭 필요한 산소가 없어서 잠시도 살 수가 없어. 거기다 지구보다 태양에 더 가까이 있는 수성, 금성은 태양열을 너무 많이 받아서 무척 뜨거워. 특히 금성의 대기에는 열을 붙잡아 두는 이산화탄소가 너무 많아서 태양으로부터 온 열을 죄다 가두어 버려. 그런 탓에 안 그래도 태양열을 많이 받는 금성의 지표면은 아주아주 뜨거워서 도저히 사람아 살 수 없을 지경이야. 반대로 태양에서 멀리 떨어져 있는 화성, 목성, 토성 등은 태양열을 적게 받아서 사람이 살기에는 너무 춥다고 해.

오직 지구만이 사람이 살기에 적당한 태양열을 받을 수 있는 위치에 있지. 게다가 지구에는 숨을 쉴 수 있게 해 주는 산소나 질소도 있고, 우주 돌덩어리나 자외선 등으로부터 생명체를 보호해 주는 대기도 있어. 생명체들에게 지구와 지구를 둘러싼 대기가 얼마나 소중한 건지 이제 알겠지?

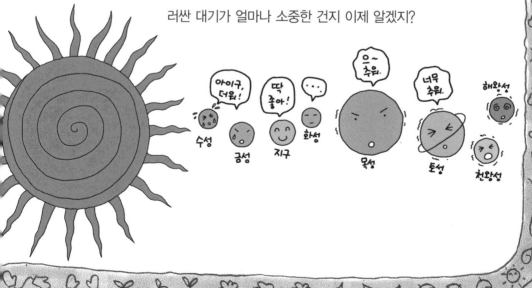

3. 대기의 구조

하늘에서 온 강아지!

20**년 9월 13일

나는 엄마와 단둘이 살아. 엄마는 내가 다니는 초등학교 옆에서 종일 장사를 하셔.

그래서 엄마의 장사가 끝날 때까지 혼자 있어야 해.

좀 심심하긴 하지만 그래도 괜찮아.

내가 좋아하는 텔레비전 프로그램은 뉴스 맨 나중에 나오는 일기예보야.

오늘 세계적인 기상학자 정미래 박사가 실종되었습니다.

기상학자와 환경 운동가가 실종된 것은 올해 들어 벌써 세 번째로….

어, 정미래 박사님이라면, 우리 학교에 강연 왔던 분인데.

다음으로 일기예보가 있겠습니다. 예보민 캐스터 나와 주세요.

내일 날씨는 남서쪽에서 발달하는 고기압의 영향으로 전국이 맑겠습니다.

내가 제일 좋아하는 예보민 기상 캐스터야. 나도 커서 예보민 언니 같은 기상 캐스터가 될 거야.

서울의 낮 기온은 영상 24도로 야외 활동하기에 좋겠습니다.

지금까지 내일의 날씨 예보민이었습니다.

슈우욱~

어, 없어지지 않고 계속 떨어지네.

쾅

엄마, 별똥별이 마을 뒷산에 떨어졌어요.

보통 별똥별은 대기와 마찰해서 다 타 버리는데···. 엄마, 별똥별 떨어진 데 한번 가 봐요.

그러자. 혹시 불이 날지도 모르니.

후다닥~

아이고, 웬 뒷동산이 이렇게 가팔라!

헉헉헉!

저긴가 봐요.

조심해.

아니 이게 뭐야?

빠지직 빠지직

엄마, 강아지가 별똥별에 맞았나 봐요.

22

대기권이 뭐야?

그건 말이지.

지구를 둘러싸고 있는 대기의 층을 대기권이라고 해. 그렇다면 어디까지가 대기권이고 어디서부터가 우주 공간일까? 대기권과 우주의 경계를 분명하게 나누는 선은 없어. 하지만 아주 적게나마 공기가 남아 있는 곳까지를 대기권이라고 한다면, 지표면에서 약 1,000킬로미터까지가 대기권에 포함돼.

1,000킬로미터라면 정말 높은 곳이지. 그런데 사실 공기 대부분은 지상에서 약 10킬로미터 정도까지에 몰려 있어. 그 위로는 공기의 양이 아주 적어서 날씨 현상이 일어나지 않아.

그런데 왜 높이 올라갈수록 공기가 적어질까? 그건 지구에서 멀어질수록 중력이 약해지기 때문이야. 중력이란 모든 물체를 자신에게로 끌어당기는 힘이야. 지표면 주변에는 지구의 중력이 강하게 작용해서 공기가 많이 붙들려 있지만, 위로 높이 올라가면 중력이 약해져서 공기가 별로 없는 것이지.

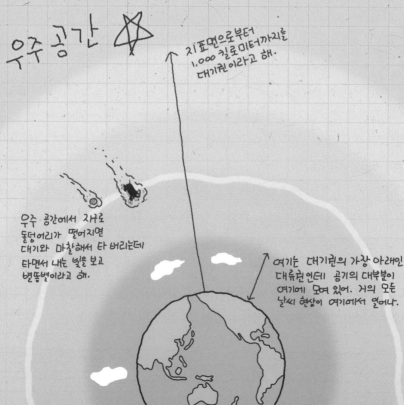

우주 공간

지표면으로부터 1,000킬로미터까지를 대기권이라고 해.

우주 공간에서 작은 돌덩어리가 떨어지면 대기와 마찰해서 타 버리는데 타면서 내는 빛을 보고 별똥별이라고 해.

여기는 대기권의 가장 아래인 대류권인데 공기의 대부분이 여기에 몰려 있어. 거의 모든 날씨 현상이 여기에서 일어나.

23

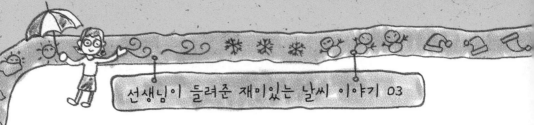

네 가지 층으로 이루어진 대기권

앞에서 대기권이 대기의 층이라고 했지? 층은 아래서부터 위로 차례대로 쌓여 있을 때 쓰는 말이잖아. 1층, 2층처럼 말이지. 마찬가지로 대기권도 지표면에서부터 상공까지 대기를 이루는 성분이 조금씩 다른 네 가지 층이 차례대로 쌓여 있는 거야. 이 층들은 대류권, 성층권, 중간권, 열권이라고 해.

대기의 맨 아래층에 있는 대류권은 지표면에서부터 10킬로미터 정도까지를 말해. 지구를 둘러싼 전체 대기권 높이의 100분의 1에 지나지 않을 정도로 얇은 층이지만, 공기의 80퍼센트가 여기에 모여 있어. 태양열에 의해 데워진 공기는 위로 올라가고 온도가 낮은 높은 곳의 찬 공기는 아래로 내려오는 대류가 일어나는 곳이라서 대류권이라는 이름이 붙었어. 대부분의 날씨 현상이 여기에서 일어난단다.

성층권은 대류권 바로 위부터 고도 50킬로미터까지를 말하는데, 성층권 조금 위쪽에는 오존층이 있어. 이 층은 생명체에게 해로운 자외선을 흡수해서 지표면에 닿지 않도록 해 줘. 오존층이 자외선을 흡수하면 온도가 높이 올라가기 때문에, 성층권에서는 위로 올라갈수록 기온이 높아지는 특징이 있어. 앞에서 위쪽 공기의 온도가 낮고 아래쪽 공기의 온도가 높으면 대류가 일어난다고 했지? 그런데 성층권은 위쪽 오존층의 온도가 아래쪽 공기 온도보다 높아서 대류가 일어나지 않아. 대류가 없으니 공기 흐름도 안정되어 있어서 기류의 영향을 받는 비행기가 다니기 좋은 층이 바로 성층권이지.

중간권은 성층권 바로 위부터 고도 80킬로미터 높이에 있는 공기층이야. 중간권의 맨 꼭대기의 온도는 말도 못하게 낮아. 무려 영하 130도까지 내려간대. 우리가 흔히 별똥별이라고 하는 유성이 나타나는 곳이 바로 중간권이야.

열권은 대기권의 맨 위층에 있는 공기층으로, 중간권 바로 위부터 고도 1,000킬로미터까지의 높이에 있는데 공기가 아주 희박해. 열권의 아래쪽에는 전파를 반사시켜서 멀리 있는 곳과 통신할 수 있게 해 주는 전리층이 있어.

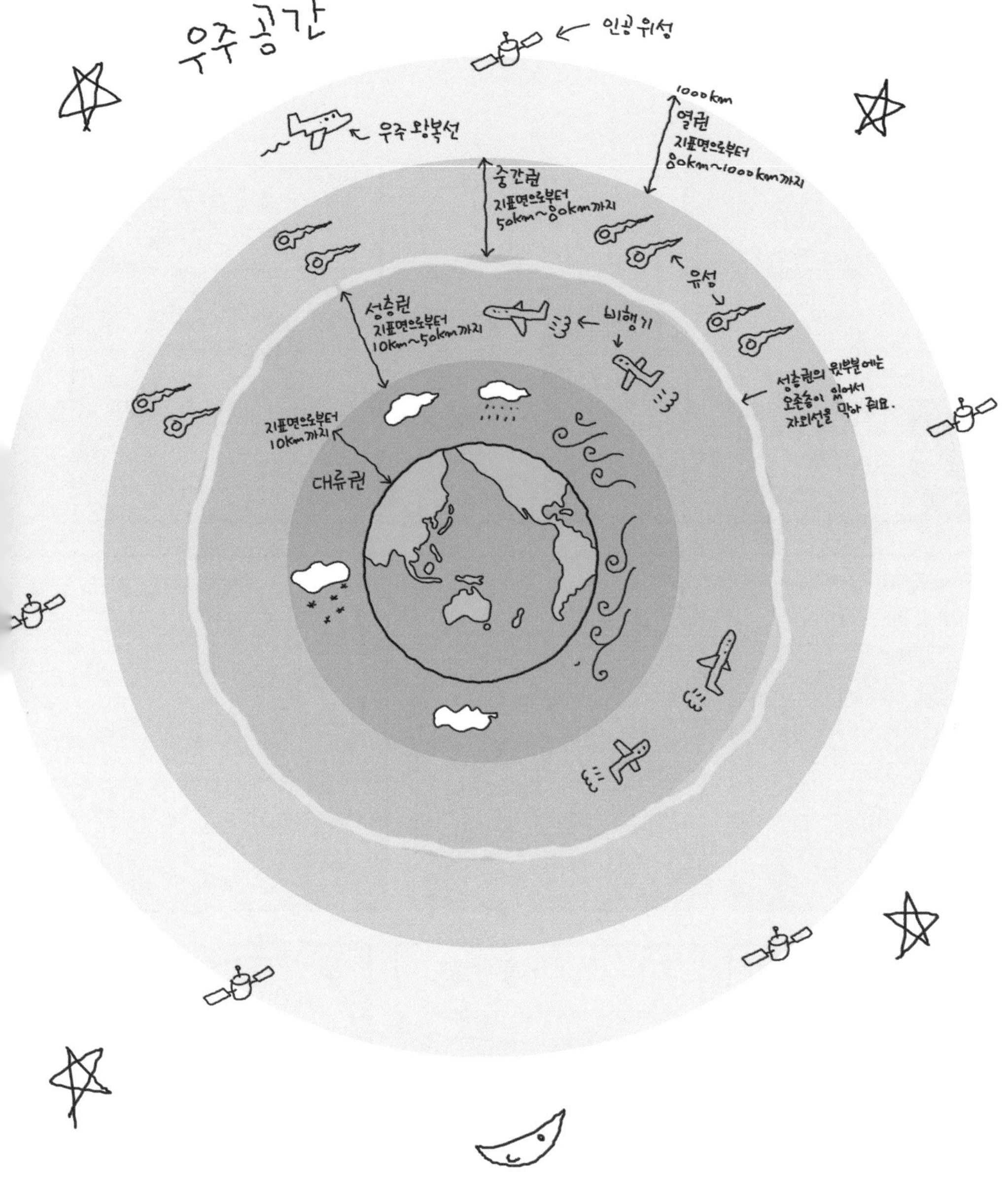

우주 공간

← 인공위성

← 우주 왕복선

1000km
열권
지표면으로부터
80km~1000km까지

중간권
지표면으로부터
50km~80km까지

← 유성

성층권
지표면으로부터
10km~50km까지

비행기

성층권의 윗부분에는
오존층이 있어서
자외선을 막아 줘요.

지표면으로부터
10km까지

대류권

4. 기온

안녕, 감상!

20**년 9월 21일
별똥별에 맞은 강아지를 데리고 온 지 일주일이 지났어.

왜 또 이래요 정신 차려.

난 미래에서 위기에 처한 지구를 구하라고 보낸 로봇 강아지다.

그런데 왜 별똥별에 맞아 기절했어요

별똥별에 맞은 게 아니라 내가 대기권을 통과해 떨어지는 모습이 별똥별처럼 보인 거다.

네가 별똥별처럼 떨어졌다고요

얘기하자면 길다. 일단 충전 좀 더 하고 보자.

그 그래. 근데 네 이름이 뭐야?

네가 날 발견했으니 이름도 네가 지어.

찌리 찌릿
빠지직
빠지지직

이름을? 내가? 글쎄…

거무 튀튀

그래? 온통 새까마니까 깜상 어때?

깜상? 그다지 맘엔 안 들지만 그렇게 불러.

자, 그럼 이름도 지었으니 정식으로 인사해 볼까?

뭐, 번거롭게. 알았다. 안녕, 단비?

안녕, 깜상?

28

기온이란 무엇이지?

그건 말이지.

기온이란 공기의 온도를 말해. 온도가 있다는 것은 열이 있다는 뜻이지. 그럼 무엇이 공기에 열을 가해 온도를 높이는 걸까? 답은 바로 태양이야. 태양의 복사열이 지표면을 데우고, 지표면은 공기를 데워서 마침내 공기의 온도가 올라가는 거야.

그런데 일기예보에서 발표하는 기온은 아무 데서나 잰 공기의 온도가 아니야. 왜냐하면 기온은 같은 지역이라도 재는 위치나 환경에 따라서 달라지거든. 그래서 비, 바람, 직사광선, 지열 등의 영향을 받지 않도록 지면에서 1.5미터 높이에 백엽상이라는 하얀 상자를 놓고 그 안에 설치한 온도계로 기온을 재. 즉, 기온은 지표면에서 1.5미터 위에 있는 공기 온도를 측정한 것을 말하는 거야.

백엽상

공기

1.5m

백엽상은 땅의 열기를 피하기 위해
보통 잔디 위에 설치해.

기온이 변하는 이유는 무엇일까?

기온은 계속 변해. 아침 기온과 낮 기온이 다르고 낮 기온과 밤 기온도 다르지. 이렇게 하루 종일 기온이 변하는 이유는 무엇일까?

그것은 태양의 위치가 변하기 때문이야. 태양의 빛인 햇빛은 자외선, 가시광선, 적외선으로 이루어져 있어. 여기서 적외선이 바로 열을 품고 있는 전자기파야. 우리가 햇빛을 쬐었을 때 따뜻한 열을 느끼는 것은 햇빛 속의 적외선이 우리 몸에 열을 전해 주기 때문이야. 이렇게 열을 전해 주는 태양이 지표면을 비추는 낮 시간에는 온도가 올라가고 반대로 태양이 지구 반대편으로 넘어간 밤에는 온도가 내려가지.

그렇다면 똑같이 태양이 떠 있는 낮 동안에도 기온이 변하는 이유는 뭘까? 그것은 햇빛이 지표면을 비추는 각도가 달라지기 때문이야. 아침과 저녁에는 태양과 지

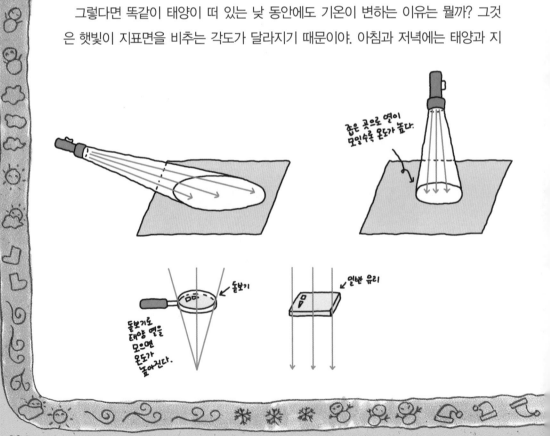

좁은 곳으로 열이 모일수록 온도가 높다.

돋보기

일반 유리

돋보기로 태양 열을 모으면 온도가 높아진다.

표면의 각도가 비스듬해서 햇빛이 넓게 퍼진 상태로 지표면에 비치지. 햇빛의 양은 일정한데 넓은 면적으로 퍼지니 열의 양이 적어져서 온도도 조금밖에 오르지 못해. 그러나 정오에는 태양과 지면의 각도가 수직이 돼. 같은 양의 햇빛이 좁은 지역에 몰리니 지면은 더 많은 열을 받게 되어 기온이 많이 올라가는 거야. 그래서 아침이나 저녁보다 대낮에 더 온도가 높지.

태양과 가까운 높은 산이 오히려 온도가 낮은 이유

기온을 높이는 것이 태양의 에너지 때문이라면, 태양과 가까운 높은 산의 기온이 지면보다 더 높아야겠지? 하지만 그렇지 않아.

앞에서 이야기했듯이, 태양에 의해 땅의 온도가 먼저 올라가고 데워진 땅이 공기를 따뜻하게 해 줘야 기온이 올라가. 그런데 높은 산까지는 땅의 열이 올라가기 어려우니까 자연히 산의 온도가 지면보다 더 낮은 거지.

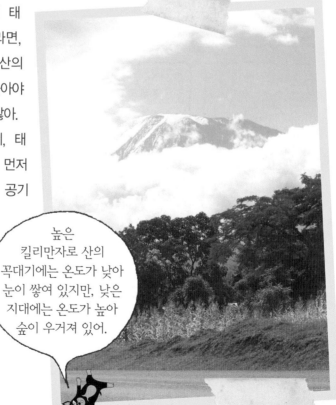

높은 킬리만자로 산의 꼭대기에는 온도가 낮아 눈이 쌓여 있지만, 낮은 지대에는 온도가 높아 숲이 우거져 있어.

대단한 고봉민

20**년 9월 29일
깜상이 오면서 우리 집이 한결 밝아졌어. 아무도 없는 집에
들어가는 게 정말 싫었는데, 이젠 깜상이 나를 반겨 줘서 참 좋아.

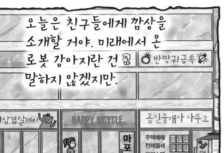

오늘은 친구들에게 깜상을
소개할 거야. 미래에서 온
로봇 강아지란 건
말하지 않겠지만.

단비야, 여기야.

얘가 그 별똥별 맞은
강아지야?

응, 진짜 귀엽지?

어휴~
이 녀석,
왜 이리
무거워.

그러게. 눈도
초롱초롱
하고.

귀엽긴 뭐,
똥개구만.

야, 그만해. 단비
속상하게 왜 그래.

내가
뭘?

괜찮아. 똥개
맞는걸 뭐. 어서
봉민이네나 가자.

컹컹컹!
나 똥개
아냐!

봉민이가
보여
준다는 게
뭐야?

지저분한
것이나
아니었으면
좋겠어.

봉민아.

어, 왔어. 잠깐만 기다려.

부모님은 어디 가시고 네가 일을 해?

어, 수족관 청소는 내 담당이야. 부모님은 점심 드시러.

오~ 고봉민, 이제 보니 효자로구나.

헤헤, 뭐 이 정도야 기본이지. 수족관 물 뺄 거니까 다들 뒤로 비켜.

그 많은 물을 어떻게 다 빼내려고?

다 수가 있지. 너희들 내 덕에 진짜 신기한 거 보는 줄이나 알아.

호스의 한쪽을 수족관 물속에 담그고.

다른 한쪽을 입에 대고 힘껏 빨아들인 뒤.

푸하!

어머야, 물 튀잖아.

호스 끝을 아래로 던지면.

신기하다. 어떻게 한 거야?

날씨 박사 김단비에게 물어 봐.

? ? !

저건 기압 때문에 일어나는 거야. 수족관에 있는 물의 표면을 공기가 내리누르면, 빠져나갈 데가 없는 물이 호스를 통해서 흘러나오는 거지.

공기도 무게가 있어서 누르는 힘이 있구나!

공기

근데 왜 봉민이가 호스를 빨고 내려놓으니까 물이 흘러나오지요?

그건 호스에 차 있는 공기가 빠져 나오려는 물을 막고 있는데, 봉민이가 빨아서 공기를 없애 주니까 비로소 물이 호스를 통해 나오는 거야.

공기

너희들 어떻게 이렇게 신기한 걸 다 아냐. 정말 대단해.

대단은 무슨. 고작 이거 보여 주려고 오라 그런 거야?

공기에 무게가 있어?

그건 말이지.

기온이 공기의 온도인 것처럼, 기압은 공기의 압력이야. 압력은 어떤 물체가 자신의 무게로 내리누르는 힘을 말하는 건데, 그렇다면 보이지도 잡히지도 않는 공기에 무게가 있단 말이잖아?

맞아, 아주 가볍긴 하지만 공기에도 무게가 있어. 공기는 산소, 질소, 이산화탄소 등의 기체로 이루어져 있어. 고기 구워 먹을 때 쓰는 부탄가스통을 들어 보면 묵직한 걸 느낄 수 있잖아. 티끌 모아 태산이라는 말처럼 아무리 가벼워도 모이면 무거워지지. 이렇게 무게가 있는 기체가 우리 머리 위로 1,000킬로미터나 높이 쌓여 있다고 생각해 봐. 그 무게가 만만치 않을 거란 짐작이 가지 않니?

실제로 1기압은 1제곱센티미터의 넓이에 1킬로그램의 무게로 누르는 공기의 압력이야. 이것은 우리 초등학생들 손바닥 위에 어른 한 명을 올려놓은 것과 같아. 어때, 엄청나지?

그런데 우리는 왜 이런 압력을 느끼지 못하는 걸까? 그건 기압만큼 몸 안쪽에서도 바깥으로 밀며 버리는 힘이 작용하기 때문이야. 기압에 맞서 우리 몸의 안쪽에서 버리는 힘이 없었다면 우리 몸은 발에 밟힌 깡통처럼 납작해져 버렸을 거야. 그걸 보면 우리 몸도 참 대단한 거 같아, 그렇지?

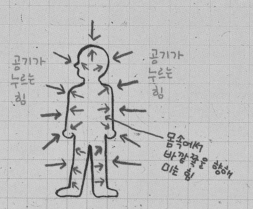

공기가 누르는 힘

공기가 누르는 힘

공기 →

몸속에서 바깥쪽을 향해서 미는 힘

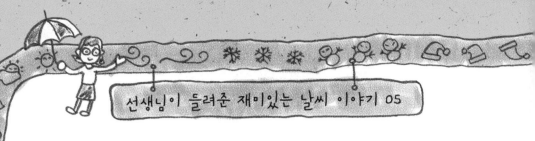

기압, 그때그때 달라요!

1기압이 1제곱센티미터의 넓이에 1킬로그램 무게로 누르는 공기의 압력이라는 건 다들 알 거야. 그런데 모든 곳의 공기 무게가 다 1킬로그램인 건 아니야. 높은 산꼭대기에서 잰 공기의 무게는 1킬로그램보다 작아. 평지에서 대기권 끝까지가 1,000킬로미터라면, 산꼭대기에서 대기권 끝까지의 높이는 산 높이만큼 줄어들기 때문이지.

간단히 예를 들어 보자. 내가 높이 10킬로미터인 산꼭대기에 있다면, 거기서부터 대기권 끝까지의 높이는 990킬로미터겠지? 그러므로 줄어든 10킬로미터만큼의 공기 무게가 줄어들고, 그만큼 기압도 작아지지. 막대기를 자르면 길이와 무게가 함께 줄어드는 것과 같아.

높은 곳에는 공기덩어리의 양이 적으므로 공기의 누르는 힘인 기압도 낮아지지.

나무를 잘라 내면 잘라 낸 만큼 무게가 줄어들지.

같은 높이에 있더라도 기압이 다르다?

평지와 높은 곳에서는 공기 무게가 달라도, 같은 평지에서라면 공기 무게가 같을 것 같지? 그렇지 않아.

공기는 어디에나 있지만 골고루 퍼져 있는 건 아니야. 지구의 대기가 끊임없이 움직이고 있기 때문에 어떤 곳에는 공기가 많이 몰려 있고, 또 어떤 곳에는 공기가 적어. 그래서 공기가 많이 몰려 있는 곳은 공기의 무게가 많이 나가고, 적게 있는 곳은 무게도 적게 나가.

밥을 꽉꽉 눌러 담은 밥공기와 살살 담은 밥공기의 무게가 다른 것과 마찬가지야. 무게가 다르면 누르는 힘인 압력도 달라지겠지. 그래서 공기가 많이 있는 곳은 기압이 높고, 공기가 적게 있는 곳은 기압이 낮아.

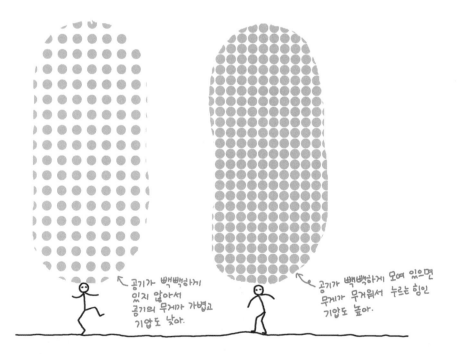

공기가 빽빽하게 있지 않아서 공기의 무게가 가볍고 기압도 낮아.

공기가 빽빽하게 모여 있으면 무게가 무거워서 누르는 힘인 기압도 높아.

청소의 달인, 방귀 뀌다

20**년 10월 2일
요즘 들어 깜상의 외출이 잦아졌어. 지구를 위험에 빠뜨리려는 악당들을 찾는다면서. 나가도 꼭 혼자 나가는데, 들어올 땐 아주 지쳐 있어.

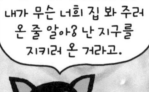

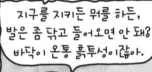

무야? 입으로 바닥의 먼지를 빨아들이잖아.

야, 청소 방해하지 말고 저리 가 있어.

우아, 굉장한 스피드야.

이게 마지막 먼지군.

청소 끝!!

야, 집이 아주 반짝반짝해졌네. 어떻게 한 거야?

별거 아냐. 고기압과 저기압을 좀 이용한 거지.

저 자세는 또 뭐야? 저 녀석 너무 잘난 척하네.

39

고기압과 저기압?

고기압과 저기압이 먼진 아냐?

날 뭘로 보고. 기압이 높은 건 고기압, 낮은 건 저기압 아냐.

그럼 기압이 차이가 나면 공기는 어떻게 흐르는지도 알겠네.

그야 고기압에서 저기압으로 흐르지.

흠, 제법이군. 방법은 간단해. 내 몸속의 공기를 빼서 저기압으로 만든 거야.

아~ 알았다. 그러면 몸 밖에 있는 압력이 높은 공기가 압력이 낮은 몸속으로 빨려 들어간 거구나. 그러면서 공기와 함께 먼지도 함께 빨려 들어갔고 말이야.

저기압

고기압

딩동댕 진공청소기의 원리를 그대로 이용한 것이지, 하하하.

난 정말 대단해.

그럼 빨아들인 먼지는 다 먹은 거야?

사실 그게 좀 문제인데 말이지.

무슨?

뿌아아앙~

너 지금 빨아들인 먼지를 다시 방귀로 내보낸 거야?

헤~ 미안, 참으려 했는데 그만.

고기압과 저기압?
그게 뭐지?

그건
말이지.

　공기가 많이 모여 있으면 기압이 높고 공기가 적게 모여 있으면 기압이 낮다는 얘기는 앞에서 했지? 이렇게 기압이 높은 것을 고기압이라고 하고 기압이 낮은 것을 저기압이라고 해. 그렇다면 고기압과 저기압의 기준은 뭘까? 사실 딱 정해진 기준은 없어. 주변 기압과 비교해 높으면 고기압이고 낮으면 저기압이지.

　그럼 저기압이 되는 과정을 알아볼까? 태양열에 의해 따뜻해진 공기는 가벼워져서 위로 올라가. 그렇게 공기가 빠져나간 자리는 압력이 줄어들어 저기압이 돼.

　반대로 공기가 높이 올라가 열을 빼앗기고 무거워지면, 저기압이 된 아래쪽으로 내려와서 그 자리를 채우지. 이렇게 공기가 많이 모이면 압력도 높아져서 고기압이 돼.

　여기에서 우리는 공기가 어떻게 흐르는지 알 수 있어. 공기는 공기가 많은 곳에서 적은 곳으로, 다시 말해서 고기압에서 저기압으로 흐르는 거야.

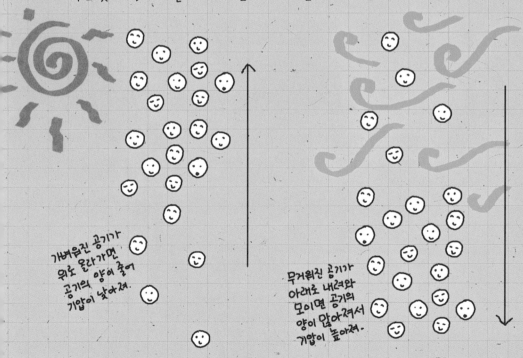

가벼워진 공기가 위로 올라가면 공기의 양이 줄어 기압이 낮아져.

무거워진 공기가 아래로 내려와 모이면 공기의 양이 많아져서 기압이 높아져.

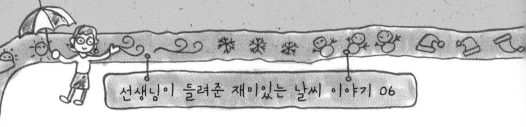

상승기류와 하강기류

　태양열에 의해 따뜻해져서 위로 올라가는 공기의 흐름을 상승기류라고 하고 차가워져서 아래로 내려오는 공기의 흐름을 하강기류라고 해.

　상승기류일 때 위로 올라가는 따뜻한 공기는 수증기를 많이 머금고 있는데, 올라가며 차가워진 공기는 품고 있던 수증기를 내보내. 이렇게 공기에서 빠져 나온 수증기가 엉겨 붙어 물방울이 되고 이 물방울들이 모여 구름이 돼. 그래서 상승기류로 인해 저기압이 되면 날씨가 구름이 끼고 흐려지지.

　하강기류는 따뜻한 공기가 빠져나간 자리로 차가운 공기가 내려오는 흐름이야. 이 차가운 공기가 내려오다가 지표면에서 올라오는 열기를 받아 따뜻해지면 그 속에 있던 물방울들이 증발해서 날아가 버려. 그래서 하강기류로 인해 고기압이 되면 날씨가 뽀송뽀송하고 맑아진단다.

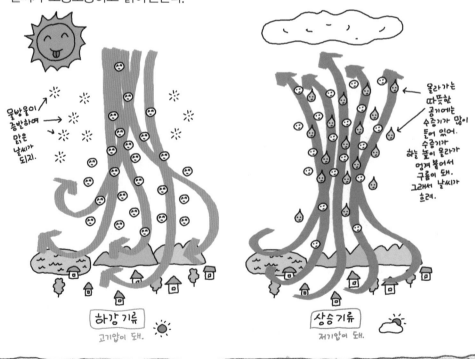

물방울이 증발하여 맑은 날씨가 되지.

올라가는 따뜻한 공기에는 수증기가 많이 들어 있어. 수증기가 하늘 높이 올라가 엉겨 붙어서 구름이 돼. 그래서 날씨가 흐려.

하강기류
고기압이 돼.

상승기류
저기압이 돼.

등압선을 보면 고기압과 저기압을 알 수 있어

아래 그림의 구불구불하게 이어진 선들은 기압이 같은 곳을 이은 등압선이야. 지도를 그릴 때 높이가 같은 지점을 연결한 등고선과 비슷한 것이지. 아래 일기도에서 H라고 쓴 곳은 고기압 지역이고, L이라고 쓴 곳은 저기압 지역이야. 물이 높은 곳에서 낮은 곳으로 흐르는 것처럼 바람도 고기압에서 저기압으로 불어. 이 사실을 알고 아래 일기도를 보면 바람이 왼쪽에서 오른쪽으로 분다는 것을 금방 알 수 있을 거야.

또 등압선의 간격을 보면 바람의 강약 정도를 알 수 있어. 등압선의 간격이 좁으면 바람이 강하게 불고 간격이 넓으면 바람이 약하게 분다는 뜻이야. 그걸 어떻게 아냐고? 지도의 등고선을 떠올려 봐. 등고선 간격이 넓으면 땅의 높낮이가 완만하게 변한다는 의미고, 좁으면 높낮이가 급격히 변한다는 의미

야. 땅의 높이가 급격하게 변한다는 건 경사가 가팔라서 굴러떨어지기 쉽다는 말이잖아? 마찬가지로 등압선에서도 간격이 좁으면 기압이 급격하게 변한다는 뜻이니까 바람도 굴러떨어지듯이 강하게 불겠지.

일기도

항문에서 불어오는 시원한 바람

20**년 10월 9일
깜상은 그 후로도 계속 청소를 도와주었어. 이따금 먼지 방귀를 뀌어서 기껏 청소한 방을 다시 엉망으로 만들어 버리곤 했지만.

나래초등학교.

오늘 청소당번은 누구지8

김단비, 고봉민이요.

교실 청소 우리가 도와줄게. 끝내고 같이 마을 뒷산에 그림 그리러 가자.

오케이. 시작해 볼까.

으, 먼지8

고스트 라이더 나가신다, 길을 비켜라8

켁켁8

사사삭

야, 먼지 좀 일으키지 마. 숨을 못 쉬겠잖아.

휘휘

그렇다면 먼지를 없애 주는 공기 정화 가스 발사

뿌아아앙

으으윽, 냄새가 지독해.

난 토할 거 같아.

빨리 창문 열어8

후다다닥

아이고, 숨 막혀 죽는 줄 알았네.

휴우~ 이제 좀 살겠네.

흭이이이잉~

아, 시원해.

바깥의 찬 공기가 따뜻한 교실 안으로 불어 들어와.

봉민이 너어~.

찌릿

용서하지 않겠어!

흭다다닥

너 거기 안 서?

야, 생리 현상 가지고 이러기야?

우당탕쿵탕

우당탕쿵탕

퍽퍽!!

쿵!

탁!

아이고, 봉민이 죽네.

방귀 한 번 뀌었다고 가방을 다 내가 들라니. 너무해.

네가 저지른 만행에 비해 이 정돈 약과야.

근데 참 단비야, 어제도 기상학자가 실종됐대.

나도 들었어. 기상학자와 환경 운동가 들이 연이어 실종돼서 난리잖아.

미국에선 유명한 기상 캐스터가 실종 됐다더라.

휴우~ 예보민 언니한텐 아무 일도 없어야 할 텐데.

야아~ 정상이다앙

와~ 다 올라 왔다.

에고고, 힘들어 죽겠다.

바람이 부네. 아, 시원해.

휴이이잉~

어때 나, 마치 〈타이타닉〉의 여주인공 같지?

크~ 허세미를 누가 말려.

근데 왜 바람이 불면 시원하지?

바람의 온도가 낮으니까 그런 거 아냐?

그건 우리 몸은 체온에 의해 더워진 공기가 감싸고 있는데, 그 더운 공기가 바람에 날아가 버려서 그래.

몸에서 나오는 복사열.

맞아. 그리고 바람에 의해 땀이 증발하는 것도 시원한 이유래.

그럼 내 방귀 바람도 시원하려나?

어우, 더러워.

고봉민, 너 진짜 자꾸 이럴래?

46

바람은 왜 불까?

그건 말이지.

바람은 공기의 흐름이야. 공기가 흘러다니는 것을 보고 바람이 분다고 하지. 그렇다면 공기는 어떻게 흐를까? 공기는 공기가 많아 기압이 높은 고기압 쪽에서 공기가 적어 기압이 낮은 저기압 쪽으로 흘러. 즉, 기압의 차이로 인해 바람이 분다는 말이지.

미국의 기상학자 페렐은 간단한 실험으로 바람이 부는 이유를 설명했어. 그는 풍선에 바람을 가득 불어넣었다가 갑자기 바람을 뺐지. 그러자 풍선 속에 있던 바람이 풍선 밖으로 순식간에 쏟아져 나왔어. 너무 당연해 보이지? 그런데 이 현상에도 놀라운 과학 원리가 숨어 있어.

풍선이 부풀어 오른다는 건 풍선의 거죽을 바깥으로 밀어낼 만큼 풍선 안에 많은 공기가 꽉꽉 채워져 있다는 뜻이야. 이렇게 꽉 들어찬 풍선 속의 공기는 바깥 공기보다 압력이 높은 상태야. 이때 풍선의 매듭을 풀면 압력이 높은 풍선 속 공기가 압력이 낮은 바깥쪽 공기와 만나게 되지. 그러면 압력이 높은 쪽에 있던 공기가 압력이 낮은 바깥 공기 쪽으로 움직이게 돼. 앞서 말한 대로 공기가 고기압에서 저기압 방향으로 흐른 거야. 어때, 정말 사소한 현상에도 과학적 원리가 숨어 있지?

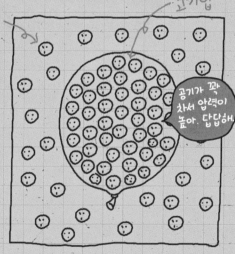

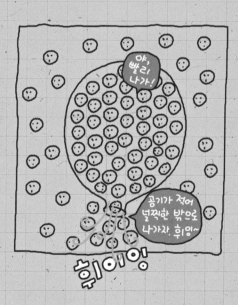

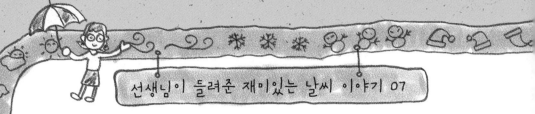

바람은 기온 차이에 의해서도 생긴다

바람의 또 다른 특징은 기온이 낮은 곳에서 높은 곳으로 분다는 거야. 기온이 낮은 곳은 공기의 밀도가 높아. 밀도는 일정한 공간 안에 들어 있는 물질의 빽빽한(조밀한) 정도라고 할 수 있는데, 공기 밀도가 높다는 것은 공기 입자가 대기 중에 빽빽이 들어 있다는 것이지.

열을 받아서 온도가 올라간 공기 입자는 활발하게 운동해. 그러면 공기와 공기 사이의 공간이 성겨져. 즉, 밀도가 낮아지는 거야. 반대로 공기 입자가 열을 빼앗겨 온도가 내려가면 움직임이 둔해지고 공기 입자 사이의 공간이 빽빽하게 좁혀지지. 이건 밀도가 높아진다는 뜻이야. 밀도가 높다는 건 대기 안에 공기가 많다는 것이니까 기압이 높다는 말이고, 밀도가 낮다는 건 대기 안에 공기가 적다는 것이니까 기압이 낮다는 말이지. 결국 바람이 기온이 낮은 곳에서 높은 곳으로 분다는 말은 공기가 고기압에서 저기압으로 흘러간다는 말과 같아.

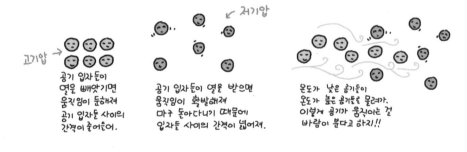

고기압 →
공기 입자들이 열을 빼앗기면 움직임이 둔해져 공기 입자들 사이의 간격이 줄어들어.

← 저기압
공기 입자들이 열을 받으면 움직임이 활발해져 마구 돌아다니기 때문에 입자들 사이의 간격이 넓어져.

온도가 낮은 공기들이 온도가 높은 공기들로 몰려가. 이렇게 공기가 움직이는 걸 바람이 분다고 하지!!

바다와 육지의 공기 놀이, 해풍과 육풍

해풍은 낮에 바다에서 육지를 향해 부는 바람이고, 육풍은 반대로 밤에 육지에서 바다를 향해 부는 바람이야. 이렇게 해풍과 육풍이 번갈아 부는 이유는 무엇일까? 그건 바람이 기온이 낮은 쪽에서 높은 쪽으로 불기 때문이야.

햇볕이 내리쬐는 낮에는 육지 쪽의 공기가 바다 쪽의 공기보다 더 빨리 뜨거워져. 데워진 공기는 가벼워져서 위로 올라가므로 아래쪽은 공기가 적은 저기압 상태가 돼. 이때 바다의 공기는 육지의 공기보다 덜 데워져서 상대적으로 온도가 낮은 고기압 상태야. 그러니 고기압인 바다의 공기가 저기압이 된 육지 쪽으로 몰려들면서 바람이 부는데, 이게 바로 해풍이야.

햇빛이 없는 밤이 되면 반대의 상황이 일어나. 육지는 빨리 식고 바닷물은 천천히 식거든. 아직 온도가 높은 바다의 공기가 위로 올라가서 아래쪽이 저기압이 되면, 상대적으로 온도가 낮아 고기압인 육지의 공기가 바다 쪽으로 들어가면서 바람이 불지. 이게 바로 육풍이야.

기온이 높다.   **해풍**   기온이 낮다.

기온이 낮다.   **육풍**   기온이 높다.

계절에 따라 방향이 바뀌는 바람, 계절풍

여름에 해양에서 대륙으로 부는 남동풍과 겨울에 대륙에서 해양으로 부는 북서풍을 계절풍이라고 해. 이것도 해륙풍처럼 땅이 바다보다 빨리 뜨거워지고 빨리 식기 때문에 생긴단다.

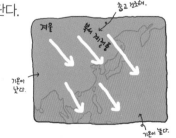

겨울   춥고 건조해.   북서 계절풍

기온이 낮다.

기온이 높다.

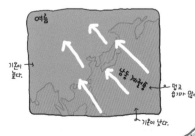

여름

기온이 높다.

남동 계절풍

덥고 습기가 많아.

기온이 낮다.

8. 구름

어묵탕 위엔 구름이 둥실

20*년 10월 17일
마을 뒷산은 우리 친구들이 자주 찾는 곳이야. 우리는 그곳에서 놀기도
하고 그림을 그리기도 하고, 또 속 깊은 얘기를 하기도 하지.

요즘 왜 깜상 안 데려와8

말도 마. 얼마나 밖으로 쏘다니는지 나도 보기 힘들어.

걔 여자 친구 생긴 거 아냐8

푸하하하~ 여자 친구는 무슨. 걘 요즘 지구를 구하러 다녀.

무슨 소리야8

그런 게 있어. 그런데 봉민이는 와 있을까8

그렇겠지. 가게 일 도와 드리고 온다고 했으니까.

엄마, 나 왔어.

안녕하세요.

어서들 와라.

51

야, 난 안 보이냐?

나도 여기.

어, 세미도 왔구나. 너 오늘 과외 받는 날이라며?

봉민이가 새우튀김 먹으러 가자고 꼬드기는 바람에.

봉민이 넌, 너나 공부 안 하면 되지 세미까지 공부 못 하게 하냐?

맛있는 건 같이 먹어야지. 근데 너희끼리 어디 갔다 왔어?

냠냠 첩첩

학교 뒷산에. 근데 오늘 구름이 진짜 장난 아니었어. 세상에 모든 구름이란 구름은 다 보았을 정도라니까.

그래? 나도 보았으면 좋았을 텐데.

그럼 내가 구름 만들어 줄까?

네가 구름을? 에이, 장난치지 마.

자, 두구두구둥, 기대하시라.

꽁꽁 언 얼음을 뜨거운 수증기가 오르는 국물 위에 가까이 대고 있으면

뭉게 뭉게

우아

어떻게 한 거야?

솥에서 올라온 수증기가 차가운 얼음에 닿아 물방울이 된 거야. 어때, 구름 맞지?

52

구름, 너의
정체는 무엇이냐?

그건
말이지.

구름은 굉장히 작은 물방울과 얼음 알갱이가 모여서 하늘에 떠 있는 것이야. 구름을 이루는 물방울과 얼음 알갱이는 태양열에 의해 땅이나 바다에서 증발한 수증기가 뭉친 거고.

앞에서 상승기류를 이야기하면서 태양열로 데워진 공기는 가벼워져 하늘로 올라간다고 했지? 이때 공기는 증발한 수증기도 데리고 하늘 높이 올라가는데, 높은 곳은 지표면보다 공기의 압력이 낮아. 공기의 압력 즉 위에서 공기 덩어리가 누르는 힘이 약해지면 공기는 손으로 눌렀다가 놓은 용수철처럼 팽창해. 이때 공기는 팽창하는 데 필요한 에너지로 자신이 갖고 있던 열을 사용하지. 열을 사용해서 없어지면 어떻게 되겠어? 열이 없어지면 당연히 온도가 뚝 떨어지겠지.

공기의 온도가 떨어져서 차가워지면 수증기들이 물방울이 되는 현상이 일어나. 마치 수증기가 차가운 물컵에 닿아 물방울로 맺히는 것처럼 말이야. 다만 수증기가 알아서 물방울이 되는 건 아니고, 허공에 있던 작은 먼지나 소금 알갱이에 달라붙어 모이면서 물방울이 돼.

이렇게 수증기가 물방울이 되는 것을 응결이라고 하고, 응결이 일어나는 온도를 이슬점이라고 해. 또 수증기를 끌어모아 물방울이 되게 하는 먼지나 소금 알갱이를 응결핵이라고 부르지.

아무튼 구름은 물방울들이고, 그 물방울은 땅이나 바다에서 온 것들이란 말씀!

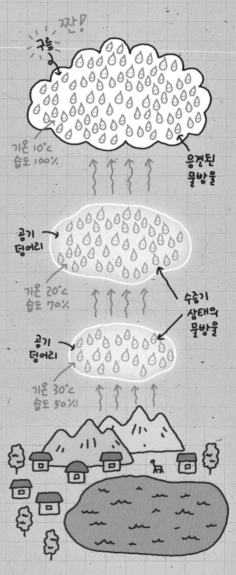

짠!

구름

기온 10℃
습도 100%

응결된
물방울

공기
덩어리

기온 20℃
습도 70%

수증기
상태의
물방울

공기
덩어리

기온 30℃
습도 50%

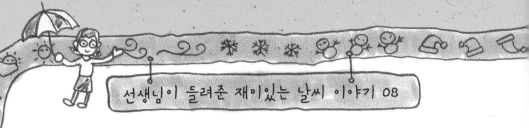

구름이 하얗거나 회색으로 보이는 이유

구름이 물방울이란 건 알았지? 그럼, 태양에서 지면을 향해 오던 빛이 허공에 떠 있는 구름(물방울)을 통과할 때 어떤 일이 벌어질까? 먼저 햇빛은 여러 가지 색깔을 가진 광선들로 이루어져 있어. 그중 우리 눈에 보이는 것을 가시광선이라고 해. 쉽게 말해서 우리가 무지개 색으로 잘 알고 있는 빨주노초파남보가 그것이야.

이 빛깔 광선들이 공기나 물방울 등에 부딪쳐 흩어지는 것을 산란이라고 해. 하늘이 파랗게 보이는 것도 파란색 빛깔 광선이 산란하기 때문이지. 그런데 구름을 이루는 물방울들은 크기가 제각각이어서 햇빛에 들어 있는 여러 빛깔 광선들이 골고루 산란된단다.

빨주노초파남보의 모든 빛깔이 산란되어 섞이면 하얀색으로 보여. 여기서 조심해야 할 게, 색과 빛은 다르다는 거야. 여러분이 알다시피 모든 색의 물감을 섞으면 검은색이 되지만, 모든 색의 빛을 섞으면 하얀색이 돼. 그래서 구름이 하얗게 보인단다.

그런데 구름이 두껍고 물방울들이 크고 많으면 햇빛이 산란되면서 또 흡수가 되어 버려. 빛이 구름에 흡수되어 우리 눈까지 오지 못하니까 그럴 땐 어두운 회색으로 보이는 거야.

여러 가지 구름의 종류

구름은 모양도 제각각이고 그 모양도 계속 바뀌지. 그것은 구름 속의 물방울들이 가만히 있지 않고 온도가 올라가면 증발해서 수증기가 되었다가 차가워지면 다시 뭉쳐서 물방울이 되기를 반복하기 때문이야. 구름 속의 물방울이 모두 증발하면 구름이 없어져 버리지.

이렇게 다양하고 변화무쌍한 구름도 잘 관찰하면 몇 가지 특징으로 나누어 정리할 수 있어. 먼저 옆으로 넓게 퍼져 있는 구름을 층운이라고 하는데, 높이에 따라 구분해서 불러. 하늘 높이 있는 걸 상층운, 중간 높이는 중층운, 가장 낮게 지표면 가까이 있는 걸 하층운이라고 하지. 그리고 지표면 가까이에서 하늘 높이까지 수직으로 있는 건 적운, 뭉게구름, 또는 수직운이라고 한단다. 노래에도 잘 나오는 뭉게구름이 바로 적운이야.

그리고 구름은 지면이 뜨겁게 달궈져 수증기가 많이 생기는 여름에 잘 생기고, 육지보다 증발하는 수증기의 양이 많은 바다에서 더 많이 생겨.

바닷가 하늘 위에 떠 있는 구름들

음모자들

20*년 10월 23일
기상학자와 환경 운동가 들의 실종이 이어지고 있는 상황에 전 세계적으로 이상기후가 나타나고 있어. 그래서인지 요즘 마음이 불안해. 그런데 대체 깜상 이 녀석은 어디 간 거야?

아직이야?

쪽글 20장 써야 해. 너 먼저 가.

스케치북 안 가져 왔다고 쪽글을 20장이나 쓰게 하는 건 너무해.

준비물 안 가져오면 쪽글 쓰기로 학기 초에 선생님과 약속했잖아.

선생님이 일방적으로 말하고 반대하는 사람 손 들라고 하는 게 무슨 약속이야.

생각이 다른데도 가만히 있었으면 동의한 거나 마찬가지지. 그리고 어쨌든 준비물 안 가져온 건 잘못이니까.

너 쪽글 다 쓸 때까지 기다릴래.

네 맘 다 아니까, 걱정 마시고 어서 가~.

어엉어!

휴우~ 겨우 20장을 다 썼네. 적란운이 생긴 걸 보니 소나기가 오겠군. 빨리 가야겠어.

벌써부터 으르렁거리네. 급하다 급해.

번개가 칠 모양인데.

이크!

하나 두울 세엣 네엣.

4초 걸렸으니까 1360미터 떨어진 곳에 번개가 쳤군.

3초, 1020미터 떨어진 곳에 번개가 떨어졌네.

어서 자리를 피하자!

2초, 680미터. 번개가 점점 가까운 곳으로 떨어지고 있어.

번개가 왜 나를 쫓아오지?

아악, 이제 죽었다.

콰
콰
콰
쾅

깜상이 번개를
막고 있어!

지지지직!

삐바지직

지직 삐바지직

스르르

휴우~ 큰일 날
뻔했어.

괜찮아,
깜상?

이런 뾰족한 쇠붙이를
꽂고 다니니까
번개가 따라오지.

이게 뭐지? 이게 왜
내 백팩에 꽂혀 있지?

너도 모르는 거라고?
음, 그렇다면 음음자들
짓인가 본데.

구름 때문에 벼락이 친다고?

그건 말이지.

구름이 많이 낀 날 벼락이 치는 건 알았지만, 구름 때문에 벼락이 친다는 건 오늘에야 알았어. 얼마 전, 선생님께 지표면 가까이에서 하늘 높이까지 수직으로 생겨난 적운에 대해 들은 적이 있는데 이 녀석이 바로 벼락을 만드는 구름이야. 정확히 말하면 적운이 발달한 구름인 적란운이 벼락의 주범인 것!

적란운 속에서는 공기가 아주 급하게 위아래로 요동치는데, 이런 공기의 흐름에 휩쓸린 구름 속의 물방울과 얼음 알갱이들이 마구 부딪치면서 물방울과 얼음 알갱이에 전기가 생겨. 그리고 양전기를 띤 얼음 알갱이들은 구름의 위쪽으로 모이고 음전기를 띤 물방울들은 구름의 아래쪽으로 모여. 구름이 발달할수록 전기를 띤 물방울들도 엄청나게 늘어나고 전기의 힘도 강력해지지.

커질 대로 커진 구름 아래의 음전기들이 구름 밖으로 흘러나와 지표면에 있던 양전기들과 만나면 전기가 빠지직 흐르지. 이때 3만 도나 되는 굉장히 높은 열이 생기면서 불꽃이 번쩍! 이게 바로 우리를 깜짝 놀라게 하는 번개라는 말씀.

그리고 그 굉장히 높은 열에 의해 주위 공기가 뜨거워지면서 팽창했다 순식간에 터져 버리는데 이때 우르릉 쾅쾅 하는 요란한 소리가 나지. 이게 바로 천둥이야.

벼락은 보통 번개와 천둥을 아울러 말하는 건데, 정리하자면 번개는 구름 속 전기가 만든 불꽃이고 천둥은 그 소리야.

피뢰침과 벤저민 프랭클린

　미국 100달러짜리 지폐에 그려져 있는 벤저민 프랭클린은 미국이라는 나라를 세우는 데 큰 역할을 한 정치인으로 유명하지. 하지만 그를 더 유명하게 한 것은 벼락이 치는 곳으로 연을 날린 위험한 실험이야. 그는 연줄 끝에 금속 열쇠를 달아 날린 다음, 벼락이 내리칠 때 금속 열쇠를 직접 만져 보았지. 이때 전기 불꽃이 번쩍이는 걸 보고 벼락이 전기가 바깥으로 흘러나오는 방전 현상이라는 것을 알아냈어.

　목숨을 건 위험한 실험을 통해서 벼락이 전기가 흐르는 현상인 걸 안 프랭클린은 벼락의 피해를 막기 위해 피뢰침을 만들었어. 피뢰침이란 '벼락을 피하기 위해 만든 바늘'이라는 뜻이야. 벼락은 뾰족한 곳을 좋아하기 때문에 피뢰침도 모두 바늘 모양으로 뾰족하게 생겼어. 피뢰침으로 벼락을 끌어들여 전선을 통해 땅속으로 내려보내면 벼락은 땅속으로 흩어지면서 힘을 잃어버리지. 그렇게 해서 벼락이 사람이나 건물로 직접 떨어지지 않도록 막는 거야.

건물 옥상에 설치한 피뢰침에 벼락이 떨어지고 있어.

벼락을 막아 주는 피뢰침

벼락을 피하는 방법

벼락의 힘은 무시무시해서 해마다 벼락에 맞아 죽는 사람들이 생겨. 벼락이 칠 때 정말 조심해야 하는데, 사방이 트인 야외에서 벼락을 만났을 때는 아주 위험해. 이럴 땐 몸을 낮추고 낮은 곳으로 피해야 해. 또 전기가 잘 흐르는 쇠붙이는 버려야 하고, 전기가 흐르는 물체가 있는 기찻길 같은 곳에서도 벗어나야 해. 수영장이나 해변에서 물놀이를 하고 있는 경우에는 물에서 재빨리 나와야 하고. 큰 나무 밑도 벼락이 떨어지기 쉬우니 가까이 있으면 안 돼. 산꼭대기에 있으면 얼른 산에서 내려와야 하지.

자동차에는 안전장치가 되어 있으니 그 안에 있을 때는 내리지 않는 것이 좋아. 참! 그리고 잊지 말아야 할 것이 있어. 피뢰침이 있는 건물 가까이에 있다고 해서 안심하면 안 돼. 정확히 말하면 피뢰침으로부터 60도 범위 안에서만 안전하단다.

벼락을 피해라!!

몸을 낮추고 낮은 곳으로 피해!

갖고 있는 쇠붙이는 버려!

물놀이를 하고 있다면 물에서 빨리 나와!

큰 나무 밑은 피해!

10. 비

비 오는 날의 추억

20**년 11월 8일
깜상이 말한 음모자들이란 미래에서 온 나쁜 사람들인데, 계속 환경이 파괴되도록 내버려 두게 만드는 것이 목표라고 해. 그들은 왜 환경 파괴를 부추기는 걸까?

야, 비 오는데 어디서 놀아?

노는데 날씨가 무슨 상관이야.

다른 애들은?

학교에서 보기로 했어. 어서 가자.

어어어!

쏴아아아

내개초등학교

꿈을 나래를 펼쳐라

놀토에 왜 학교야?

노는 날 학교 오면 얼마나 좋은데.

놀이기구도 다 우리 차지잖아.

그래, 쉬는 날 오니까 뭔가 새로운 게 재미있는데.

그럼 어떻게 놀 것인지 한번 말해 봐.

댐 공사 놀이 하자.

댐 공사 놀이?

비는 어떻게 만들어질까?

그건 말이지.

비는 구름에서 생기는 거야. 작은 물방울과 얼음 알갱이로 가득 찬 구름이 상승기류를 타고 높이 올라가면, 낮은 기압으로 인해 공기가 팽창해. 이때 공기는 팽창하는데 자신의 열에너지를 사용해. 열을 사용해 버리니까 온도가 내려가고, 공기의 온도가 내려가면 공기가 머금고 있던 수증기들이 밖으로 빠져 나와. 이렇게 빠져 나온 수증기가 낮은 온도에서 응결되어 물방울이 되고, 이 물방울들이 주위에 있던 얼음 알갱이에 달라붙으면서 점점 커져. 덩치가 커져 무거워진 얼음 알갱이는 아래로 떨어져 내리는데, 그때 주위의 물방울과 다른 얼음 알갱이가 달라붙어서 더 크게 자라지. 이렇게 커진 얼음 알갱이가 눈이야. 이 눈이 떨어지다가 지표면 근처에서 따뜻한 영상의 공기를 만나면 녹아서 비가 돼.

그런데 계절이 여름이거나 지역이 열대지방일 경우에는 기온이 높아서 구름 속에 얼음 알갱이 대신 물방울만 있어. 그래서 얼음 알갱이가 떨어지다 녹아 비가 되는 것과는 달리, 물방울들끼리 서로 엉겨서 커지고 무거워지면 비가 되어 아래로 떨어지지.

얼음 알갱이 → -40℃

수증기

물방울에 수증기가 엉긴다.

얼음 알갱이에 수증기가 달라붙는다.

얼음 알갱이에, 물방울에 수증기가 엉겨 커지다 낮은 온도에서 눈이 된다.

0℃ ←

눈이 내려오다 영상의 기온을 만나 물방울이 된다.

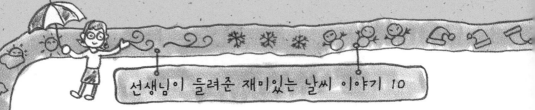

재미있는 비의 이름들

아주 무더운 여름에는 소나기가 자주 내려. 소나기는 적란운에서 내리는데, 이 적란운은 벼락도 만들어. 그래서 소나기가 내릴 땐 우르릉 쾅쾅 하면서 벼락과 함께 갑자기 많은 비가 퍼붓는 거야. 하지만 소나기가 내리는 범위는 좁아. 어떤 동네에서는 소나기가 내려도 그 옆 동네에선 비 한 방울 내리지 않고 말짱한 경우도 많거든.

한꺼번에 많이 내리는 비는 마치 장대처럼 굵은 비가 쏟아지는 것 같다고 해서 장대비라고 불러. 이슬비는 작은 빗방울이 한결같이 내리는 비를 말하고, 그보다 빗방울이 조금 더 굵은 비를 가랑비라고 해. 하지만 '가랑비에 옷 젖는 줄 모른다.' 라는 속담에서 알 수 있듯이 이 비도 옷이 젖는 걸 느끼지 못할 정도로 아주 작은 빗방울이 가늘게 내리는 거야. 참, 그리고 이슬비보다도 가는 비가 있는데 그걸 는 개라고 해.

비 오는 거리

또 날씨가 화창한 날에 잠깐 내렸다가 그치는 비를 여우비라고 해. 여우는 행동이 아주 재빨라서 나타났다가 금방 사라져 버리는데, 그런 모습이 비슷해서 여우비라는 이름이 붙었어. 바람이 멀리 있는 구름 속의 비를 데려와서 맑은 곳에다 뿌리면 여우비가 내린단다.

세계 최초의 강우량 측정기, 세계 최초의 기상관측기는?

세계 최초의 강우량 측정기이면서 세계 최초의 기상관측기인 것은 뭘까?

그건 바로 세계 최초라는 말이 두 번이나 붙은, 자랑스러운 우리나라의 측우기야!

기록에 따르면 1441년에 세종대왕과 신하들이 측우기를 발명했어. 그리고 1년 뒤인 1442년에 처음으로 강우량을 측정했다고 해. 유럽에서 처음으로 강우량을 측정한 나라는 이탈리아인데, 그 시기는 1639년이었어. 우리나라가 이탈리아보다 197년이나 더 앞서서 강우량을 잰 거야.

측우기는 원통형 측정기로 처음엔 쇠로 만들었지만 나중엔 구리를 쓰기도 했고, 도자기나 기와 같은 재질로도 만들었어. 그리고 나무나 대나무로 만든 '주척'이라는 굽은 자로 물의 깊이를 측정했지.

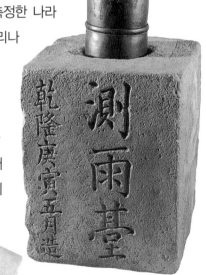

측우기

11. 안개, 이슬, 서리

봉만이 똥개에게 물린 날

20**년 11월 13일
아침저녁으로 기온이 많이 내려가서 외투를 입지 않으면 추워.
낮과 밤의 기온 차이가 커지면서 아침이면 안개가 자주 껴.

단비네가 사는 무지개 빌라.

안개가 너무 심한데 내가 같이 가 줄까?

네가 무슨 내 보디가드냐? 내 걱정 말고 지구나 지키셔.

지난번 번개 사건 이후 뭔가 조짐이 안 좋으니 조심해.

밤과 낮의 기온차가 크더니 안개가 잔뜩 끼었네.

오늘따라 거리에 사람이 없네.

저벅 저벅

누군데 나를 쫓아오지?

혹시 음모자?

후다다닥

쿵 쿵 쿵

혁,
잡히겠어.

아악,
사람 살려!

아 야 야 악!

?

아아아~
아파앙

왕!

으!

펄!

누구냐, 넌? 정체를 밝혀라앙

으리리리앙

버둥 버둥

아우, 아파.
나야, 고봉민.

핵

너였어? 근데
이 복장은 뭐야?

엄마가 매연 안개라며 마스크와
고글을 쓰고 나가랬어.

그럼 부르지,
왜 무작정 따라와?

며칠 전 비를 맞아 감기에
걸려서 목소리가 잘 안 나와.

켁
켁
켁

가만, 나 개한테 물렸잖아. 광견병 걸리는 거 아냐?

걱정 마. 얘는 로봇 개라 병균 같은 거 없어.

얘가 로봇? 장난치지 마. 동네 똥개구만. 로봇이 얼마나 멋지게 생겼는데.

얘 진짜 로봇이야. 야, 깜상, 말해 봐.

멍멍멍!

푸하하하하 그만 좀 웃겨라.

나 먼저 간다.

야, 뭐야? 나 망신 주려 작정한 거야?

지금은 누구도 믿지 못해. 아무한테나 내 정체를 알리면 안 돼.

도대체 음모자들이 어디 있다고 그래?

음모자들은 보통 사람들의 모습으로 다니기 때문에 찾기 어려워. 빨리 찾아서 나쁜 짓을 못하게 해야 하는데 말이지. 요즘 기상학자와 환경 운동가들이 실종되고 있는데, 아무래도 음모자들의 짓인 거 같아.

정말?

쉿! 그러니까 너도 조심해. 혼자 다니지 말고 꼭 친구들이랑 같이 다녀.

안개는 어떻게
생기는 걸까?

그건
말이지.

기온이 내려가면 대기 중의 수증기가 응결해서 아주 작은 물방울 상태로 변해. 그 물방울들이 지표 가까이 떠 있는 걸 안개라고 해. 안개와 구름은 모두 수증기가 응결해서 만들어진 것이지만 물방울의 크기가 달라. 안개의 물방울의 크기는 0.01밀리미터로, 0.02밀리미터인 구름의 물방울보다 조금 더 작거든.

안개는 강가나 호숫가, 바닷가 같은 물기가 많은 곳에서 봄가을 새벽에 잘 만들어져. 봄가을에 안개가 많이 생기는 까닭은 그때 낮과 밤의 기온차가 크기 때문이야. 따뜻한 낮에 물이 증발하면 대기 중에 수증기가 많이 섞여 들어가게 돼. 그리고 가장 기온이 낮은 새벽이 되면 이 수증기들이 새벽에 응결되어 안개가 된다는 말씀!

강에
자욱하게 낀 안개로
다리가 잘 보이지
않을 정도야.

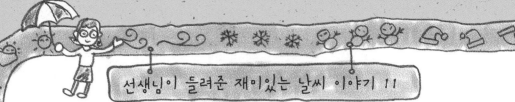

선생님이 들려준 재미있는 날씨 이야기 11

이슬과 서리는 모두 수증기가 응결된 것!

지표면은 낮에 태양의 복사열을 흡수해서 데워지지만, 밤이 되면 낮에 받은 열을 밖으로 내놓으면서 차갑게 식어. 그러면 지표 부근의 공기도 덩달아 차가워지지. 공기의 온도가 이슬점 아래로 내려갈 때, 공기 속에 있던 수증기가 차가운 물체에 닿아 맺힌 것이 이슬이야. 이슬점은 구름이 만들어지는 과정을 배울 때도 나왔는데 수증기가 응결되어 이슬이 되는 온도를 말해.

풀잎에 맺힌 이슬

그런데 수증기가 닿는 지표면이나 물체의 온도가 섭씨 0도 이하이면 이슬로 맺히지 않고 바로 얼어 버리는데 이것이 서리야. 서리는 늦가을처럼 새벽 기온이 아주 낮을 때 잘 생겨.

그러고 보니 구름, 비, 이슬, 안개, 서리는 공통점이 있네. 모두 수증기가 응결되어 물방울이 되면서 만들어지니 말이야!

서릿발과 서리, 성에와 서리는 같은 걸까?

겨울철 이른 아침에 땅이 위로 부풀어 오르고 그 사이로 작은 얼음 기둥들이 삐죽삐죽 솟아 있는 것을 본 적이 있을 거야. 그게 서릿발이야. 서릿발과 서리는 말이 비슷해. 그래서 서로 비슷할 거라고 착각하기 쉽지만 그 둘은 아주 달라.

서리는 공기 중의 수증기가 땅에 닿아서 얼어붙은 것이지만 서릿발은 땅속의

72

수분들이 얼어붙어 만들어진 거야. 서릿발과 관련된 농사일로 보리밟기라는 것이 있어. 서릿발이 솟아오르면서 땅에 묻혀 있던 보리 뿌리를 들뜨게 만들면 찬 바람에 보리 뿌리가 얼거나 말라서 죽어 버려. 그래서 들뜬 보리가 제자리를 잡게 하기 위해 발로 밟아 주는데 이것을 보리밟기라고 해.

서릿발

그렇다면 성에는 서리와 같은 걸까? 서리는 공기 중의 수증기가 땅에 닿아서 얼어붙은 거고, 성에는 공기 중의 수증기가 유리나 벽에 닿아서 얼어붙은 거야. 결국 이 둘은 공기 중의 수증기가 달라붙어 어는 곳이 다를 뿐, 그게 그거란다.

위험한 안개, 스모그

스모그(smog)란 영어로 연기란 뜻인 스모크(smoke)와 안개란 뜻인 포그(fog)가 합쳐져서 생긴 말이야. 대기오염 물질인 매연과 대기 중에 떠 있는 작은 물방울인 안개가 서로 섞여 공기가 뿌옇게 되는 현상을 가리켜.

영국 런던에서는 산업화 과정에서 생긴 스모그로 인해 수천 명이 목숨을 잃었단다. 엄청난 양의 석탄과 석유를 태우면서 발생한 각종 매연이 안개와 뒤섞여 스모그를 만들어 냈던 거야.

한편 미국의 로스앤젤레스에서 발생한 스모그는 광화학 스모그라고 하는데 자동차의 배기가스 안에 들어 있는 질소산화물과 탄화수소 등이 햇빛의 자외선과 만나 화학반응을 일으켜서 만들어진 거야.

우리나라에서는 이 두 가지 스모그가 섞여서 발생하고 있어.

길고양이 오줌을 먹다

20**년 11월 21일

가을이 가고 겨울이 다가오고 있어. 차가운 바람이 가로수에서 낙엽을 떨어뜨려 이리저리 몰고 다니고, 잎이 떨어진 나무 사이로 파란 하늘이 펼쳐져 있어.

이번 가을은 짧고 겨울이 일찍 시작되겠습니다. 특히 올겨울은 다른 해보다 춥고 길 것으로 예상됩니다.

단비네 집 거실.

단비야, 엄마 시장 보러 가야 하니까, 빨래 좀 널어 줘.

예, 어마마마. 다녀오시옵소서.

오냐. 참, 이따 신메뉴 시식하러 친구들 데려오는 거 알지?

그럼요. 애들이 엄마의 신메뉴가 궁금하다며 난리예요.

단비네 집 발코니.

햇빛은 좋은데 날이 차서 빨래가 더디 마르겠는걸.

햇빛이 좋은데 왜 빨래가 잘 안 말라요?

온도가 낮으면 공기 사이의 공간이 좁아져 수증기가 증발해서 들어갈 자리가 줄어들거든. 그러니까 빨래의 물기가 빨리 공기 중으로 날아가지 못하지.

음, 근데 빨래의 물기는 날아서 어디로 가는 걸까?

전엔 기압이 어쩌구 저쩌구 하면서 아는 척하더니만. 두뇌가 컴퓨터라면서 그것도 몰라?

그땐 마침 아는 게 나와서 그런 거고. 그리고 난 전투 로봇이야. 학습용 로봇이 아니라고.

그리고 모르면 친절하게 가르쳐 줘야지 면박을 주냐, 자존심 상하게.

미안. 난 또 네가 미래에서 온 로봇이라서 다 아는 줄 알았지.

하드디스크 용량은 빵빵하니까 네가 가르쳐만 주면 다 기억할 수 있어.

알았어, 알았다고. 빨래에서 증발한 수증기는 공기 속으로 들어가 다른 데서 온 수증기들과 함께 하늘로 올라가. 그리고 높은 하늘에서 차가워져서 물방울로 뭉쳐서 구름이 되지. 그러다 물방울들이 아주 많이 뭉치면 무거워져서 비가 되어 내려. 자, 알겠지?

그럼, 동네 길고양이가 싼 오줌도 하늘로 올라갔다 비가 되어 내리겠네?

아마도.

진짜? 나 며칠 전에 빗물 받아 먹었는데.

우웩 우웩!

나 엄마한테 갔다 올게. 그만 토하고 집 잘 지켜.

어떤 음식일지 정말 궁금하다.

그러게. 아, 침 넘어가.

꼴깍 꼴깍

단비네 포장마차.

우아~ 와~

초록색 어묵은 시금치 어묵이고, 주황색 어묵은 당근 어묵이야. 그리고 떡볶이는 짜장 떡볶이. 한번 먹어 보렴.

예~. 잘 먹겠습니다.

냠냠냠

쩝쩝쩝

아줌마 요리 실력은 세계 최고예요. 저도 커서 아줌마처럼 맛있는 음식으로 사람들을 행복하게 해 주는 요리사가 될 거예요.

고맙구나. 서희가 만들 음식은 어떤 맛일지 궁금한걸.

76

물방울의 고향은 어디일까?

그건 말이지.

앞에서 말했듯이 구름이 끼고, 천둥이 치고, 비가 오고, 안개가 끼는 등의 날씨 현상은 모두 물방울에서 비롯된 거야. 그렇다면 이 물방울들은 어디서 왔을까? 사실, 물방울들은 무척 다양한 곳에서 왔어. 흙에 있다가 증발한 것도 있고, 식물들이 내뿜은 것도 있고, 또 엄마가 널어놓은 빨래가 마르면서 대기 속으로 들어간 것도 있지.

하지만 물방울들을 대기 속으로 가장 많이 내보내는 것은 바다야. 바다는 지구 표면의 70퍼센트를 덮고 있어. 이렇게 어마어마하게 넓은 바다에서는 매일 엄청나게 많은 물방울들이 대기 속으로 들어가고 있지. 좀 더 정확하게 얘기하면 바다는 물방울의 기체 상태인 수증기를 끊임없이 대기로 보내서 온갖 날씨 현상이 일어나도록 하는 거야.

드넓게 펼쳐진 바다는 쉴 새 없이 대기 속으로 수증기를 들여보내고 있어.

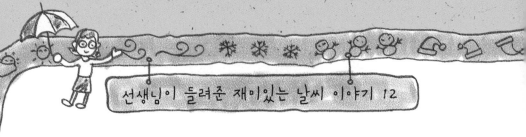

물방울의 여행

공기 속으로 들어간 수증기는 공기를 따라 하늘 높이 올라가. 하늘로 올라간 수
증기가 응결되어 물방울이 된다는 건 이미 앞에서 여러 번 설명했던 내용이지. 이
물방울들이 점점 커지고 무거워지면 마침내 비가 되어 아래로 내려와. 그중에서 어
떤 물방울은 다시 바다로 돌아가지만, 어떤 물방울들은 육지로 떨어져 식물의 뿌리
에 흡수되지. 그래서 식물이 살 수 있도록 한 뒤에 잎의 구멍을 통해 빠져나가서
다시 공기 속으로 들어가기도 해. 또 어떤 물방울들은 땅속으로 흡수되어 모였다가
샘물로 솟아나기도 하지. 샘물이 된 물방울들은 흘러가다가 다른 샘물과 만나 개울
물이 되고, 개울물로 흘러가다가 다른 개울물과 만나 강물을 이루어. 그리고 강물

은 흘러가면서 만난 또 다른 개울물과 빗물들을 데리고 마침내 자신이 여행을 시작한 바다로 되돌아가는 거야.

참, 그리고 보니 또 다른 물방울의 여행도 있네. 샘물이나 수돗물이 된 물방울들은 우리 몸을 돌면서 생명을 유지하게 해 주다가 땀으로 나와서 공기 속으로 증발하지. 우리의 땀이었던 물방울들은 지금쯤 하늘의 구름이 되어 있을 수도 있고, 비가 되어 우리 집 창문을 두드릴 수도 있어. 어쩌면 다른 물방울 친구들과 모여 바다에서 출렁이고 있을지도 모르고 말이야.

물의 변신은 무죄

물이라고 하면 보통 액체 상태를 말해. 그렇지만 물은 온도에 따라 모습이 달라져. 온도가 영하가 되면 얼어서 고체인 얼음이 되고, 온도가 섭씨 100도가 되면 기체인 수증기가 되지.

그런데 물이 변신하지 않으면 여러 가지 날씨 현상도 일어나지 않을 거야. 물이 수증기가 되어야 공기 속에 들어가고 하늘로 올라갈 수도 있거든. 또 기체 상태인 수증기에서 액체 상태인 물이 되어야 구름을 거쳐 비가 되어 내려올 수 있어. 아니면 고체 상태인 얼음, 즉 눈이 되어 세상을 하얗게 만들기도 하지.

그리고 물은 수증기로 증발할 때, 달궈진 지표면이나 바다의 열기를 공기 중으로 가져가서 지표면과 바다의 온도를 낮춰 준단다. 그때 가져간 열에너지를 온도가 낮은 하늘 위로 전해서 대기 중에 열에너지가 골고루 퍼지게 하는 것도 물의 역할이야. 그리고 무엇보다도 액체인 물은 사람이나 동식물에 흡수되어 생명을 유지시켜 주지. 이쯤 되면 물의 변신은 무죄일 뿐만 아니라 오히려 상이라도 줘야 할 판이야. 그렇지?

겨울의 길목에서

20*년 12월 4일
12월에 들어서면서 기온이 뚝 떨어졌어. 태양의 고도가 낮아져서
밤은 점점 길어지고 낮은 점점 짧아지고 있어.

저요옹

저요옹

고봉민.

바람 때문에 계절이 생깁니다. 봄이면 따뜻한 바람이 살랑살랑 불어 봄이 되고, 겨울이면 차가운 바람이 휘잉휘잉 불어서 겨울이 되니까요.

살랑

살랑

땡 상관 없는 건 아니지만, 더 근본적인 이유가 있지. 다른 사람?

뜨때

저요옹
저요옹

이번엔 박수철.

지구가 기울어진 채 자전하며 태양 주위를 돌기 때문입니다.

기우뚱

딩동댕 도서 상품권의 주인은 박수철.

딩동댕

야호!

펄쩍

추운 게 좀 가셨지? 자, 이제 수업 시작하자.

단비야. 너도 알고 있었지, 계절이 생기는 이유?

응.

그런데 왜 가만히 있었어? 덕분에 수철이 녀석 좋은 일만 시켜 줬잖아.

야, 난 날씨의 고수 아니냐?
고수가 일반인들과 재물을
다퉈서야 쓰겠냐?

괜히 애들이
잘난 척한다고 할까 봐
그런 거 아냐?

뭐 어쨌든. 암튼 빨리 서서희
셰프 요리 맛보러 가자.

아, 아깝다. 도서 상품권
타서 만화책 사려 했는데.

서희네 아파트 단지.

여기가
우리
아파트야.
들어가자.

야, 너희 집
정말
따뜻하다.

남향집이라서 그래.

남향집?

큰 창문이나 발코니 문, 또는 대문이
남쪽으로 난 집을 그렇게 말해. 겨울엔
태양고도가 낮아져서 햇빛이 집
깊숙이 들어와서 따뜻하고, 여름엔
반대로 고도가
높아져서 햇빛이
조금만 들어와서
시원해.

이거 봐요, 이거 봐요 다 알잖아요
오늘 상품권 임자는 우리 날씨
박사인데. 아휴, 아까워.

언제까지
이럴 거야?

털퍼덕

그만하고, 어서
손 먼저 씻어.

예예, 셰프님,
분부대로
합죠.

사계절이 생기는
이유는 뭘까?

그건
말이지.

지구가 자전을 하면서 일 년에 한 바퀴씩 태양의 둘레를 공전한다는 건 이미 알고 있지? 그런데 지구는 스스로 돌 때의 중심인 자전축이 23.5도 기울어진 채 태양의 둘레를 돌고 있어. 이렇게 지구가 기울어져 돌기 때문에 우리나라와 같은 중위도 지역에서는 사계절이 생기지. 지구가 살짝 기울어져 돌다 보면 어떨 때는 태양열을 똑바로 강하게 받고, 또 어떨 때는 비스듬하게 약하게 받겠지? 강하게 받을 때는 뜨거워져서 여름이 되고, 약하게 받을 때는 열의 양이 적어서 겨울이 돼. 물론 적당히 받으면 봄가을이 되고 말이야.

여름

태양열을 받는
낮 동안 열을 많이
받는 위치에
있다. 덥다.

태양열을 받는
낮 동안 열을 적게
받는 위치에 있다.
춥다.

겨울

그런데 고위도나 적도 주변의 저위도 지역도 공전하면서 태양열을 적게 또는 많이 받는 위치가 달라지는데 왜 계절이 없을까? 물론 고위도나 저위도 지역에도 공전하는 위치의 변화에 따라 태양열을 받는 부분과 각도가 다르므로 기온의 차이가 있어. 다만 거의 항상 춥거나 거의 항상 더워서 계절이라고 분명하게 나눌 만한 정도로 차이가 나지 않아. 그래서 사계절이 있다고 할 수 없는 거지.

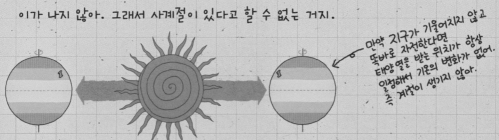

만약 지구가 기울어지지 않고
똑바로 자전한다면 항상
태양 열을 받는 위치가
일정해서 기온의 변화가 없어.
즉 계절이 생기지 않아.

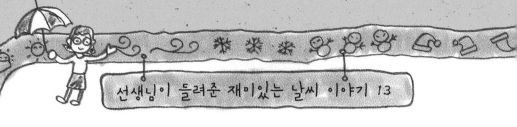

태양고도가 달라지면 기온이 변해

태양고도란 태양과 지표면이 만들어 내는 각을 말해. 태양과 지표면이 만들어 내는 각이 지평선에 가까울 때, 즉 태양고도가 낮은 아침이나 저녁에는 태양이 비스듬하게 비추니까 빛이 한곳에 집중되지 않고 넓게 퍼지지. 태양에서 오는 열에너지의 양은 일정한데 여러 군데로 나누어지니까 한 군데서 받는 열에너지는 많지 않아. 따라서 온도가 많이 올라가지 않겠지.

반대로 머리 위에서 똑바로 햇빛이 쏟아지는 때, 즉 태양고도가 높은 정오에는 한 군데로 열에너지가 집중돼. 그러면 많은 양의 열을 받아 온도가 많이 올라가지. 즉 지구가 자전하면서 태양고도가 달라지기 때문에 하루 동안 기온 변화가 생기는 거야.

태양고도는 자전뿐만 아니라 공전을 하면서도 생기는데 이것에 의해 계절의 변화가 생겨. 지구는 기울어져서 공전을 하는데, 자전축이 태양을 향하는 여름에는

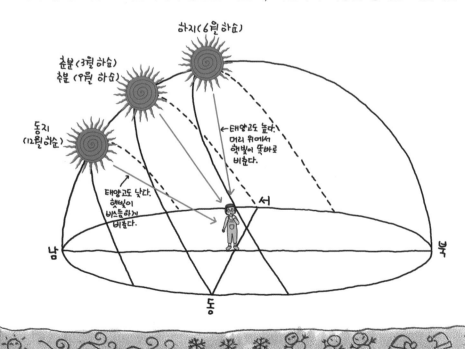

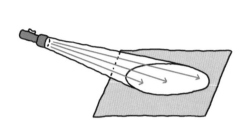
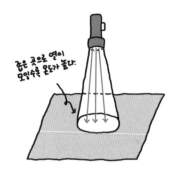

좁은 곳으로 열이 모일수록 온도가 놀다.

햇빛이 지표면과 수직을 이루며 똑바로 강하게 비춰. 즉 머리 바로 위에서 햇빛이 비추는 거지. 이것을 가리켜서 태양고도가 높다고 해. 이렇게 태양고도가 높은 여름에는 열에너지도 많이 받아서 기온이 높아져. 그리고 지구가 여름을 맞이한 자리를 떠나서 반대편으로 이동한 겨울에는 자전축이 태양의 반대편을 향하게 돼. 그러면 태양고도가 낮아지고 기온도 내려가면서 추운 겨울이 오는 거야.

그리고 한 가지 더! 태양고도가 높은 여름에는 낮 시간이 길지. 다시 말해 태양이 비추는 시간이 기니까 더 많은 열에너지가 지표면으로 전해지는 거야. 반대로 태양고도가 낮은 계절인 겨울엔 낮 시간이 짧아. 태양이 비추는 시간이 짧으니까 태양의 열에너지도 적게 전해지지. 이처럼 여름엔 태양이 머리 위에서 똑바로 오랫동안 비추니까 더울 수밖에 없고, 겨울엔 태양이 비스듬하게 짧은 시간 동안 비추니까 추울 수밖에 없단다.

하루 중 기온이 가장 높을 때와 가장 낮을 때

앞에서 태양고도가 가장 높은 정오에는 햇빛이 지표면으로 똑바로 떨어져서 열에너지가 가장 많이 전달된다고 했어. 그렇다면 하루 중 기온이 가장 높을 때는 정오일까? 답은 '그렇지 않다.'야.

하루 중에서 가장 기온이 높을 때는 오후 2시 무렵이야. 그 이유는 정오에 태양열로 지표면이 데워지고, 그 다음에 지표면에서 뿜어져 나오는 땅의 열기로 공기가 데워지기 때문이지. 그리고 하루 중 기온이 가장 낮을 때는 태양열의 공급이 끊기고 가장 긴 시간이 지났을 때, 즉 새벽녘이야.

김장하는 날

20년 12월 11일
해마다 이맘때면 나는 엄마와 함께, 김장을 해. 김장하는 날은 언제나 즐거워. 금방 만든 김장 김치에 돼지고기 수육을 싸 먹으면 정말 맛있거든. 아, 벌써 입에 침이 고이네.

딩동딩동

시켜만 주세요.

아니 이 녀석. 또 물려고?

전엔 너가 이상하게 옷을 입어서 그랬지. 이제 화해해.

자, 악수.

너 전에 나한테 똥개라고 그랬겠다? 오늘은 내가 참는다.

이 녀석 가만히 보니까 제법 귀엽게 생겼네.

얘들아, 여기 배추 좀 옮겨 줄래?

이야, 개가 함지를 옮기네. 대박!

크르릉?

봉민이는 김치를 김치통에 넣어 주렴.

예~.

아줌마, 근데 김장은 왜 하는 거예요?

채소가 없는 겨울에 먹기 위해서지.

겨울에도 마트에 있잖아요?

옛날에는 요즘처럼 비닐하우스 같은 게 없어서 겨울엔 채소를 먹을 수 없었어.

아~ 그러니까 김장 김치를 만드는 건 시베리아 기단 때문이구나.

너 시베리아 기단이 먼지나 알고 그러냐?

아주 추운 시베리아에서 만들어진 커다란 공기 덩어리지.

오~ 고봉민 대단한데?

히히, 이 정도면 날씨 박사 친구 될 자격이 있지?

단비 너는 어때? 봉민이 친구 될 자격 있어?

그럼요. 제가 얼마나 만화를 많이 보는데요.

만화? 그게 무슨 소리야?

제 꿈이 만화가거든요.

그래서 같이 만화 이야기도 많이 해요.

그럼, 우리 포장마차 메뉴 그림을 봉민이가 그려 주면 어떨까?

맡겨만 주세요.

그런데 어디서 찬 바람이 들어오는 거 같네. 깜상, 발코니 문 열렸나 봐 줘.

뒹굴
뒹굴

안 열렸어. 추워서 유리로 냉기가 들어오나 봐.

헉, 개가 말을 했어.

마 말도 안 돼. 꼴까닥~.

우리나라의 사계절 날씨에 영향을 주는 기단은?

그건 말이지.

기단은 온도나 습도 등의 성질이 일정한 아주 커다란 공기 덩어리야. 기단은 대륙이나 큰 바다처럼 넓고 일기 변화가 크지 않은 곳에서 오랫동안 공기들이 모여 있다 생긴 것이어서, 자신들이 자란 곳의 성질을 고스란히 간직하고 있어. 큰 바다에서 자란 기단은 습하고 대륙에서 자란 기단은 건조해. 저위도의 따뜻한 곳에서 자란 기단은 온도가 높고 고위도의 차가운 곳에서 자란 기단은 온도가 낮지.

좀 더 구체적인 예를 들어 볼게. 대륙의 고위도 지역에서 자란 시베리아 기단은 차고 건조해. 반대로 큰 바다의 저위도 지역에서 자란 북태평양 기단은 따뜻하고 습하지. 우리나라의 사계절 날씨에 영향을 미치는 기단은 위의 두 기단 외에도 오호츠크해 기단, 양쯔강 기단, 적도 기단 등이 있어.

시베리아 기단
(차고 건조하다.
겨울에 영향을 준다.)

오호츠크해 기단
(차고 습기가 많다.
초여름에 영향을 준다.
북태평양 고기압과
맞서며 장마전선을
만든다.)

양쯔강 기단
(따뜻하고 건조하다.
봄가을에 우리나라를
지나며 맑고 따뜻한
날씨를 만든다.)

북태평양 기단
(따뜻하고 습기가
많다. 여름에
무더운 날씨를 만든다.)

적도 기단
(덥고 습기가 많다.
여름철 무더운 공기를
우리나라로 가져온다.)

계절풍을 타고 오는 기단

차고 건조한 시베리아 기단은 우리나라의 겨울에 영향을 미치고, 따뜻하고 습한 북태평양 기단은 우리나라의 여름에 영향을 미쳐. 그 영향으로 겨울엔 몹시 추우면서 메마르고 여름엔 아주 더우면서 습하지. 그런데 저 먼 곳에서 생긴 기단들이 어떻게 우리나라에 영향을 미치는지 궁금하지 않아? 바로 〈7. 바람〉에서 설명한 계절풍이 겨울이나 여름에 이 기단들을 우리나라로 데려오는 역할을 해. 겨울에는 북서 계절풍이 시베리아 기단을 데리고 내려오고, 여름에는 남동 계절풍이 북태평양 기단을 데리고 올라오지.

계절풍이 부는 이유를 다시 한 번 정리해 보면 이래. 바람은 고기압에서 저기압으로 불고, 기온이 낮은 곳에서 높은 곳으로 분다고 말했던 것, 기억나지? 겨울에는 기온이 낮은 대륙에서 기온이 높은 큰 바다 쪽으로 바람이 불어. 이게 북서 계절풍이야. 여름에는 기온이 낮은 큰 바다 쪽에서 기온이 높은 대륙 쪽으로 바람이 부는데 이건 남동 계절풍이지.

우리나라 봄가을 날씨에 영향을 미치는 양쯔강 기단

양쯔강 기단도 시베리아 기단처럼 대륙에서 만들어져서 건조해. 하지만 남쪽에서 만들어졌기 때문에 따뜻하지. 이 기단의 영향으로 봄과 가을의 날씨가 건조하고 따뜻한 거야. 시베리아 기단과 북태평양 기단이 계절풍에 의해 이동했다면, 양쯔강 기단은 서쪽에서 동쪽으로 부는 편서풍에 의해 이동하지. 따라서 양쯔강 기단도 우리나라 서쪽으로 와서 동해 쪽으로 이동해.

그 밖에도 우리나라 여름철에 장마가 생기게 하는 오호츠크해 기단, 태풍과 함께 오는 적도 기단이 있어. 이 기단들은 뒤에서 다시 이야기할 거야.

겨울철 삼한사온 현상을 일으키는 기단

삼한사온이란 겨울철에 사흘 동안은 추웠다가 나흘 동안은 따뜻해지는 기온 변화가 7일 간격으로 되풀이되는 현상을 말하는 거야. 이것은 시베리아 기단 때문에 일어나. 시베리아 기단의 찬 공기가 북서 계절풍을 타고 우리나라로 내려오면 사흘 동안은 몹시 추워. 이 찬 공기가 남쪽으로 더 내려가서 따뜻해져서 다시 올라오면 나흘 동안은 날이 풀리지.

하지만 요즈음은 삼한사온 현상이 잘 나타나지 않아. 따뜻한 날이 오래 지속되기도 하고, 추운 날만 계속 이어지기도 하지. 이런 현상이 벌어지는 건 지구온난화 때문이래.

꽁꽁 언 겨울 풍경

음모자들의 빙판

20**년 12월 19일
해마다 겨울이 더 추워져. 지구온난화 때문이래. 아침엔
너무 추워서 바깥에 나가기가 두려울 정도야.

누군가 일부러 물을 뿌려 놓은 거 같아.

설마.

아니야. 이것 봐. 우리 집 앞에만 물을 뿌려 놓았잖아.

하지만 누가?

누구겠어? 음모자들이지.

에이, 미래에서 왔다는 악당들이 고작 물이나 뿌리고 있단 거야? 말도 안 돼.

이게 유치해? 머리를 부딪쳤다고 생각해 봐.

쾅

그럼 큰일 나지. 그러고 보니 이거 장난 아닌데.

야, 나 머리에 혹 났어.

아무도 눈치 못 채게 나쁜 짓을 하는 놈들이 바로 음모자들이야. 조심하자고.

알았어. 조심조심 걷자.

조심 조심

쟤네들 왜 이렇게 걷지?

몰라요. 뭔가 이유가 있겠죠.

조심 조심 조심 조심

93

엄마앙

추운데 왜 왔어용

엄마 혼자 추운 데서 있게 할 순 없지.

귀 언 거 봐.

아~ 엄마 품 따뜻하다.

겨울 한파가 언제나 풀리려나.

크리스마스 때쯤 풀린대요.

그래용 날도 풀리고 눈도 왔으면 좋겠구나.

아~ 화이트 크리스마스가 되면 정말 좋겠다.

화이트 크리스마스라 엄마도 괜히 설레는걸.

겨울 한파란
무엇일까?

그건
말이지.

　우리나라는 겨울철이 되면 태양고도가 낮아지고 낮 시간이 짧아져. 그러면 지표면에 닿는 태양의 열에너지도 적어지고 당연히 기온도 낮아지지. 여기에 차고 건조한 시베리아 기단이 북서 계절풍을 타고 몰려오면 아주 추워져. 여기까진 앞에서 이미 나온 내용이야.

　그럼 시베리아 기단에 대해서 좀 더 자세히 알아보자. 시베리아 기단은 대륙에서 만들어진 고기압이어서 시베리아 고기압 또는 대륙성 고기압이라고 불러. 이 차고 건조한 공기 덩어리는 한 번 몰려오는 데 그치지 않고 마치 파도처럼 자꾸자꾸 이어서 몰려오지. 이 현상이 마치 차가운 파도와 같다고 해서 한파라고 해.

　이렇게 한파가 강하고 오랫동안 몰려오는 이유는 우리나라 남동쪽에 저기압이 발달해 있기 때문이야. 북서쪽은 고기압, 남동쪽은 저기압인 것이지. 앞서 바람 이야기를 할 때, 공기가 고기압에서 저기압으로 흐른다고 했잖아. 그러니 저기압을 향해서 대륙성 고기압이 끊임없이 흘러들어 오는 거야. 그 바람에 우리나라는 아주 추운 날씨가 오래도록 이어지지.

추운 겨울날
처마에 매달린
고드름.

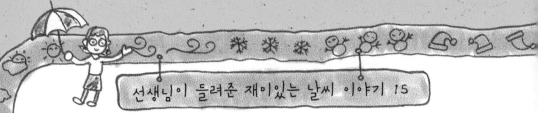

날씨가 영하 10도 이하로 떨어질 때 생길 수 있는 일

한파가 몰려오면 몹시 차가운 바람이 몰아치며 모든 것을 꽁꽁 얼려 놓지. 두꺼운 외투와 털장갑, 털모자로 몸을 감싸도 너무 기온이 낮아서 별 소용이 없어. 기온이 계속 떨어지면 큰 강이 얼고 심지어 바다가 얼기도 해. 기온이 떨어질 때마다 무슨 일이 벌어지는지 한번 알아볼까?

영하 10~15도
유리창에 성에가 낀다.

영하 25도 이하
선 채로 소변을 보면 소변이 얼어붙는다.

영하 20도 이하
머리카락과 눈썹에도 수증기가 얼어붙어 하얗게 된다. 건물이 동상을 입어 이음 부분이 파괴된다.

영하 30도 이하
나무가 얼어붙는 소리가 들린다.

영하 40도 이하
새가 얼어 죽어서 떨어진다.

한파주의보, 한파경보는 언제 발표하지?

한파가 몰려오면 기상청에서는 기온이 떨어져서 생기는 피해를 미리 대비하도록 한파주의보를 내려. 추위가 더 심해질 것 같으면 주의보보다 한 단계 높은 경보를 내리고 말이야. 주의보와 경보는 기상특보의 종류로서 위태로운 정도에 따라 위험하면 주의보, 더 위험하면 경보를 발표하지.

한파주의보나 한파경보가 내려지면 가스관이나 수도가 얼어 터지지 않도록 대비해야 하고, 길이 얼어붙어 빙판길이 되니 걷거나 운전할 때 미끄러지지 않도록 조심해야 해. 또 농촌에서는 농작물이, 어촌에서는 양식장의 물고기가 얼어 죽는 피해가 일어나지 않도록 대비를 잘 해야 해.

눈과 추위로
얼어붙은 계단

한파주의보가 내려지는 경우

1. 전날 아침 최저기온보다 10도 이상 떨어져서 3도 이하이고, 평년기온보다 3도가 낮을 것이라 예상될 때
2. 아침 최저기온이 영하 12도 이하로 2일 이상 이어질 것이라 예상될 때
3. 온도가 급격히 떨어져 큰 피해가 예상될 때

한파경보가 내려지는 경우

1. 전날 아침 최저기온보다 15도 이상 떨어져서 3도 이하이고, 평년기온보다 3도가 낮을 것이라 예상될 때
2. 아침 최저기온이 영하 15도 이하로 2일 이상 이어질 것이라 예상될 때
3. 온도가 급격히 떨어져 큰 피해가 예상될 때

그 밖에도 기상특보의 종류로는 강풍, 풍랑, 호우, 대설, 건조, 폭풍해일, 지진해일, 태풍, 황사, 폭염 등이 있어. 모두 날씨가 갑작스럽게 변해서 사람들이 일상생활을 하기에 위험할 정도일 때 발표되지.

크리스마스에 눈이 온다면

20*년 12월 23일

겨울은 추워서 싫지만, 좋은 점도 있어. 달콤한 군고구마를 먹을 수 있고 즐거운 겨울 방학도 있지. 그러나 가장 좋은 건 하얀 눈이 내린다는 거야. 세상이 온통 하얀 눈으로 덮인 풍경은 정말 아름다워.

많은 시민들이 화이트 크리스마스를 기다리고 있는데요. 눈이 올 확률은 아주 낮다고 합니다.

올해도 꽝이네.

눈 오면 미끄럽기나 하지 뭐가 좋아.

긁적 긁적

그러니까 로봇이지, 쯧쯧.

아, 출출해. 전기 좀 먹어야지.

야, 좀 아껴 먹어. 너 때문에 지난달 전기 요금이 얼마나 많이 나왔는지 알아?

아, 짜릿짜릿한 게 진짜 맛있다.

찌릿찌릿

너 내 말이 말 같지 않아?

단비야, 늦었다. 이제 자야지.

네~

엄마 말씀대로 어서 장이나 주무셔.

눈이 오면 참 좋을 텐데. 아쉽다.

쿨
쿨
쿨

단비야, 어서 일어나. 눈 왔다.

눈?!

벌떡!

눈은 어떻게
내릴까?

그건
말이지.

눈이 만들어지는 과정은 앞서 비가 만들어지는 과정을 설명하면서 같이 이야기했어. 구름이 높은 곳까지 발달하면 구름 아래쪽엔 물방울들이 모여 있고 위쪽엔 작은 물방울과 얼음 알갱이들이 모여 있어. 이 위쪽 구름에서 얼음 알갱이가 되지 않은 물방울들은 온도가 0도보다 훨씬 아래로 내려가도 얼지 않고 차가워지기만 해. 이것을 지나치게 냉각되었다고 해서 과냉각이라고 하는데, 과냉각된 물방울들은 얼음 알갱이보다 쉽게 증발해서 수증기가 돼.

이 수증기가 얼음 알갱이에 자꾸 달라붙어 큰 얼음 알갱이가 되면 중력에 이끌려 아래로 떨어지지. 떨어지면서 구름의 아랫부분에 있던 물방울이나 다른 얼음 알갱이와 합쳐져서 덩치가 커지는데 이게 바로 눈이야. 하지만 지표면 근처의 기온이 7도 이상이면 눈은 녹아서 비가 되어 버려. 기온이 0도 이하가 되어야만 녹지 않고 눈의 모습으로 내려오지.

한편 기온이 0도에서 조금 올랐다 내렸다 하는 정도면, 눈의 일부는 녹아 비가 되고 나머지는 그냥 눈으로 내려. 이렇게 눈과 비가 섞여 내리는 걸 진눈깨비라고 해.

얼음 알갱이
→ -40℃

수증기

물방울에
수증기가 엉긴다.

얼음 알갱이에
수증기가 달라붙는다.

얼음 알갱이, 물방울에
수증기가 엉겨 커지다
낮은 온도에
눈이 된다.

0℃
이하 ←

101

재미난 눈의 이름

함박눈   송이가 매우 큰 눈을 함박눈이라고 해. 비교적 따뜻한 날에 눈이 내리면 눈의 바깥 부분이 살짝 녹아 서로 엉겨 붙으면서 크고 푹신한 함박눈이 되지. 함박눈은 잘 뭉쳐지기 때문에 눈사람 만들기나 눈싸움하기에 안성맞춤이야.

싸락눈   부스러진 쌀알을 싸라기라고 해. 이 싸라기처럼 생긴 눈이 싸락눈이야. 기온이 낮아서 전혀 녹지 않았기 때문에 눈이라기보다 불투명한 얼음 알갱이에 가깝고 잘 뭉쳐지지도 않아.

진눈깨비   비와 눈이 함께 섞여 내리는 눈을 진눈깨비라고 해. 눈이 내리다가 그중 일부가 녹으면 비가 되어서 눈과 함께 내리는 것이지.

두루마리눈   롤 케이크처럼 말린 모양의 눈으로, 주로 산악 지대에서 경사진 곳을 굴러다니면서 만들어진 눈 덩어리야.

도둑눈   밤에 아무도 알아채지 못하게 몰래 내리는 눈을 말해.

장독대에 눈 온 풍경

눈의 결정은 어떻게 만들어질까?

눈의 결정은 모양이 다 달라서 똑같이 생긴 것이 하나도 없어. 어떤 것은 별 모양, 어떤 것은 부채 모양, 또 어떤 것은 나뭇가지 모양으로 저마다 개성이 넘치지.

그런데 결정을 이루기 전에 눈은 물이었잖아? 원래 물 분자를 이루는 수소와 산소는 서로 만나서 육각형 모양을 만들기를 좋아해. 그래서 눈 결정의 모양이 제각각이라고 해도, 기본적으로는 전부 육각형의 형태를 갖고 있어. 이 육각형 모양의 얼음 알갱이에 수증기가 달라붙어서 여러 가지 모양으로 변하지.

눈 결정의 모양이 다르게 되는 데는 기온과 습도의 영향이 커. 기온과 습도가 높을수록 육각형 결정의 각진 부분에 많은 수증기가 달라붙어서 섬세한 눈꽃 모양의 결정이 만들어지지.

! 여러 가지 눈 결정

103

감상은 따뜻해!

20*년 2월 4일
낮이 점점 길어지면서 햇빛을 받는 시간도 많아지고 있어. 산 위에 쌓여 있던 눈도 녹고
골목길 바닥의 얼음도 녹아서 없어졌어. 겨울이 가고 있는 거야. 하지만 아직 바람은 차가워.

엄마, 무
쓰세요?

응,
입춘축.

입춘축이요?

이제 봄이 와서 일을 시작하려 하니
한 해 동안 좋은 일 많이 있게 해 주세요
하는 소망을 담아 대문에 붙이는 걸
입춘축이라고 해. 입춘이 먼진 알지요?

봄에 들어선다는 날이죠.
하지만 말로만 봄이지
아직 추워요.

입춘은 따뜻한 봄이 왔다는 말이라기
보다는, 봄이 곧 오니 농사지을
준비를 하란 뜻이야.
지금부터 준비를
시작해야 날이
따뜻해지면
바로 농사를
지을 수 있지.

그럼 저한테 입춘은
학교 갈 준비를 하라는
뜻이네요, 헤헤헤.

엄마한텐 겨울 메뉴를
봄에 맞는 메뉴로 바꾸라는
뜻이겠고 말이야, 호호호.

봉민이네 생선 가게.

아저씨~.

단비구나. 어서 오렴.

엄마가 입춘축 갖다 드리래요.

이야, 어릴 적 서예를 배우셨다더니, 정말 멋진걸.

생선 가게에서도 입춘 맞이를 해요?

그럼. 이때쯤이면 봄철 생선이 나오기 시작하지.

에취

추운데 왜 옷을 얇게 입었니?

훌쩍

쓱쓱

봄옷으로 갈아입었더니, 아직 춥네요.

얘 감기 들겠다. 어서 들어와 난로 좀 쬐렴.

괜찮아요. 그런데 봉민이는 어디 갔어요?

아까 세미가 와서 같이 나갔는데.

아, 세미랑 나갔어요!

105

요즘 둘이서 잘 어울리네.

먼가 허전하고, 좀 쓸쓸하기도 하고, 이 기분은 뭐지?

감기 기운 때문인가 봐, 엣취!

단비 방.

꽁꽁!

포장마차에 가서 엄마한테 얘기할까?

그만둬. 괜히 걱정하셔.

열이 많이 나는데…. 좋은 수가 있다.

슈퍼 울트라 아이스 핸드 작동!

지이이잉

그만! 차가워서 못 견디겠어.

확

어때? 열이 내렸지?

야, 얼마나 차갑게 했는지 이젠 으슬으슬 춥잖아.

덜덜 덜덜

그럼 따뜻하게 해 줄게. 핫팩 모드 작동!

지이이잉

아, 따뜻해. 잠 온다.

봄은
어떻게 올까?

그건
말이지.

24절기 중 첫 절기인 입춘 무렵이 되면 영원히 겨울일 것 같던 날씨에도 조금씩 변화가 생겨. 지구는 밤이 가장 긴 동지를 지나 밤과 낮의 길이가 같은 춘분을 향해 가지. 태양의 고도는 점점 높아지고 지표면으로 전달되는 태양의 열에너지의 양도 많아져. 태양이 지표면을 비추는 시간도 하루가 다르게 늘어나고 말이야. 기온은 조금씩 올라서 기세등등하던 시베리아 기단, 즉 대륙성 고기압의 세력을 야금야금 허물기 시작해.

시베리아 기단이 약해지면서 시베리아 기단의 차고 건조한 기운을 받아 불어 내려오던 북서 계절풍의 힘도 약해져. 이렇게 시베리아 기단의 힘이 약해진 틈을 타 대륙 남부의 저기압이 우리나라를 지나가지. 이 저기압에 이어서 따뜻하고 건조한 이동성 고기압인 양쯔강 기단이 우리나라로 불어오면 그 영향으로 마침내 봄이 오는 거야.

봄이 와서 날씨가
따뜻해지면
예쁜 꽃들이 피지.
사람들은 산이나
공원으로
봄나들이를 가.

꽃이 피는 걸 시샘하는 추위, 꽃샘추위

꽃샘추위에 내린
눈으로 얼어붙은 꽃

3월이 되면 따뜻한 봄빛과 함께 남쪽 지방에서 꽃 소식이 올라오기 시작해. 사람들은 두꺼운 외투 대신 한결 가볍고 화사한 봄옷을 꺼내 입고 거리로 나서지. 학교 화단에는 파란 싹이 돋기도 해.

그런데 바로 이때 갑자기 추위가 몰려오면서 찬 바람이 불고 얼음이 얼고 심지어 눈이 내릴 때도 있어. 한창 피어나려던 꽃들이 시들고 사람들은 잔뜩 움츠린 채 거리에서 종종걸음을 치지. 이 추위를 꽃이 피는 걸 시샘해서 내려오는 추위라 해서 꽃샘추위라고 불러.

사람들은 "다시 겨울이 온 것 같다."라고 하는데 맞는 말이야. 기온이 높아지면서 고위도 지방으로 멀리 물러나 있던 시베리아 기단이 북쪽의 찬 공기에 다시 힘을 얻어 우리나라로 밀고 내려온 거지. 하지만 매서운 시베리아 기단의 찬 바람도 결국 높아지는 태양고도와 기온을 더 이상 견디지 못하고 사라져 버려.

24절기는 음력이 아니라 양력이야

우리 선조들이 사용한 달력은 달의 움직임에 따라 만든 음력이야. 그러다 보니 어른들이 말하는 24절기도 음력인 줄 아는 사람이 많아. 하지만 24절기는 달이 아니라 해의 움직임을 기준으로 해서 만들어진 거야. 우리나라를 비롯한 일본, 중국 등에서는 옛날부터 해의 움직임을 관찰해서 24절기를 정해 사용했어. 그래서 24절기엔 태양을 중심으로 지구가 움직이는 위치가 잘 나타나 있지.

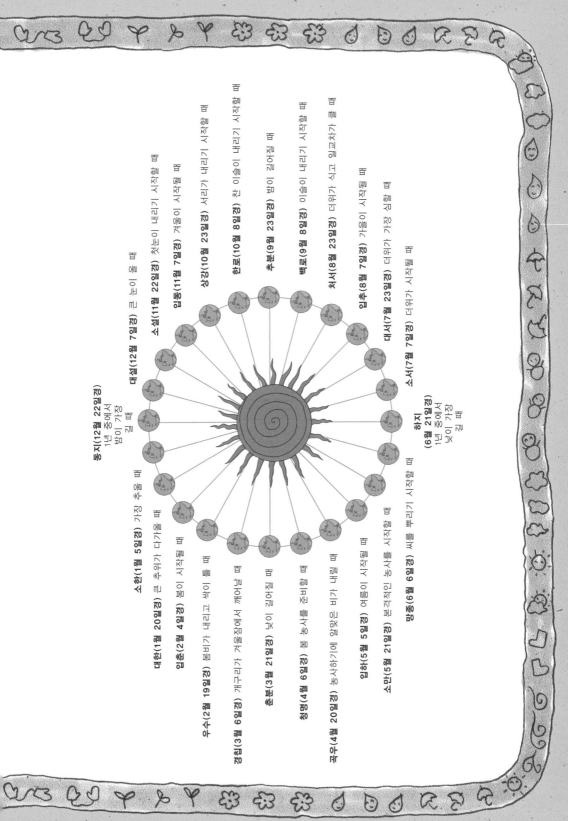

동지(12월 22일경) 1년 중에서 가장 밤이 가장 길 때

대설(12월 7일경) 큰 눈이 올 때

소설(11월 22일경) 첫눈이 내리기 시작할 때

입동(11월 7일경) 겨울이 시작될 때

상강(10월 23일경) 서리가 내리기 시작할 때

한로(10월 8일경) 찬 이슬이 내리기 시작할 때

추분(9월 23일경) 밤이 길어질 때

백로(9월 8일경) 이슬이 내리기 시작할 때

처서(8월 23일경) 더위가 식고 일교차가 클 때

입추(8월 7일경) 가을이 시작될 때

대서(7월 23일경) 더위가 가장 심할 때

소서(7월 7일경) 더위가 시작될 때

하지 (6월 21일경) 1년 중에서 낮이 가장 길 때

망종(6월 6일경) 본격적인 농사를 시작할 때

소만(5월 21일경) 씨를 뿌리기 시작할 때

입하(5월 5일경) 여름이 시작될 때

곡우(4월 20일경) 농사하기에 알맞은 비가 내릴 때

청명(4월 6일경) 봄 농사를 준비할 때

춘분(3월 21일경) 낮이 길어질 때

경칩(3월 6일경) 개구리가 겨울잠에서 깨어날 때

우수(2월 19일경) 봄비가 내리고 싹이 틀 때

입춘(2월 4일경) 봄이 시작될 때

대한(1월 20일경) 큰 추위가 다가올 때

소한(1월 5일경) 가장 추울 때

햇빛이 기가 막혀

20**년 3월 8일
4학년이 되었어. 새 학년이 되면서 정말 놀라운 일이 벌어졌는데,
친한 친구들이 4학년 때도 같은 반이 되었다는 거야.
서희, 봉민이, 그리고 세미. 우린 정말 운명적인 관계인가 봐.

엄마, 갑자기 왜 활어를 사요?

생선 초밥 만들려고.

부우웅~

초밥은 우리 포장마차 메뉴 아니잖아요?

우리가 먹으려고 그러지.

와, 맛있겠다.

사실, 올해 말쯤엔 가게를 하나 얻을까 해. 메뉴도 좀 바꾸고.

와, 그럼 우리에게도 가게가 생기는 거예요?

좋아?

그럼요. 엄마 바깥에서 일하시느라 고생이 많았잖아요.

역시 엄마 생각해 주는 건 우리 단비뿐이야.

어, 엄마. 조심해요. 저기 물웅덩이가 있어요.

교통재생 600m

우리 날씨 박사도 실수할 때가 있네. 잘 봐. 물이 어른거리잖아.

아~ 신기루였구나~

근데 신기루는 대부분 여름에 생기는데.

그러게. 갑자기 기온이 많이 올라서 그런가?

부우웅~

아지랑이가 빛의 굴절로 인해 일어난다고?

그건 말이지.

햇빛이 좋은 봄날에 겪은 일이야. 벤치에 앉아 운동장을 보는데 갑자기 축구하는 아이들이 아른거리면서 보이지 뭐야? 처음에는 깜짝 놀랐지만 무슨 일인지 곧 알 수 있었어. 아이들이 아른거리면서 보인 것은 나와 아이들 사이에 아지랑이가 피어올라서였지. 사물이 물결처럼 흔들리게 보이는 아지랑이는 빛의 굴절 때문에 생기는 거야.

빛이 꺾이는 걸 굴절이라고 해. 빛은 통과하는 물질의 밀도가 일정하면 똑바로 직선으로 움직여. 여기에서 밀도란 어떤 공간에 물질이 조밀하게 있는 정도를 가리키는 말이야. 빛은 밀도가 일정한 공기 안에서는 직진하며 통과하지만, 어느 순간 밀도가 다른 물질을 만나면 꺾이면서 앞으로 나아가.

예를 들어 물이 담긴 그릇에 젓가락을 담가 놓으면 젓가락이 물의 표면에서 꺾인 것처럼 보여. 이것은 밀도가 낮은 공기를 통과하던 빛이 밀도가 높은 물을 만나면서 꺾이기 때문이야.

따뜻한 봄날, 지면이 태양열을 받아 달구어지면 그 위의 공기를 데워서 공기 온도가 높아지지. 온도가 높아진 공기는 위로 올라가고 온도가 낮은 위쪽 공기는 내려오는데, 이때 공기가 마구 섞이면서 움직여. 그런데 온도가 높은 공기는 밀도가 낮고 온도가 낮은 공기는 밀도가 높아. 즉, 지면 위에서 밀도가 다른 공기들이 막 움직이니까 빛이 자꾸만 다른 밀도를 만나 이러저리 꺾이는 거야. 그러면 사람의 눈에는 물체가 아른거리는 것처럼 보이게 되는데 그게 바로 아지랑이야.

아지랑이가 피어올라 도로 위 자동차가 아른거려.

113

신기루는 신기해!

햇볕이 쨍쨍 내리쬐는 여름날, 비가 내리지 않았는데도 도로 위에 물이 고여 있는 걸 볼 수 있어. 그런데 막상 가까이 가 보면 고여 있던 물이 사라지고 말지. 왜 그럴까? 그건 신기루 현상 때문이야.

도로가 태양열에 의해 달궈지면 도로 위쪽 공기가 데워져서 온도가 올라가. 온도가 올라가면 공기 입자들의 움직임이 활발해지고 입자와 입자 사이의 간격이 넓어지지. 다시 말해 밀도가 낮아지는 거야. 반대로 도로에서 떨어진 곳에 있는 공기는 지면의 열에너지를 전달받지 못해 온도가 낮아. 온도가 낮으면 공기 입자들의 움직임이 줄어들고 밀도가 높아지지.

밀도가 높은 곳을 통과하던 빛이 갑자기 밀도가 낮은 공기를 만나면 나아가는 속도가 빨라져. 밀도가 높다는 건 공기 입자들이 조밀하게 모여 있다는 뜻이니까

신기루

빛이 그 사이를 통과하는 데 시간이 걸려. 그렇지만 밀도가 낮으면 입자들 사이의 간격이 벌어져서 빛이 통과하는 데도 시간이 적게 걸리기 때문이야.

온도가 다른 공기층을 통과하면서 굴절된 빛은 속도가 빨라지면서 점점 위로 휘어져. 그래서 멀리 있는 물웅덩이나 산, 건물 등에 반사된 빛이 원래보다 큰 각도로 쏘아져 들어와서 반사되기 때문에 마치 바닥에 놓인 커다란 거울에 사물이 비치듯이 보이게 돼. 다시 말해 굴절이 일어나지 않은 보통 때는 보이지 않던 것이 굴절이 일어나면서 눈에 들어오는 거야.

입자의 운동과 밀도와의 관계

좀 더 구체적으로 입자들의 움직임과 밀도와의 관계를 설명해 볼게. 컵에 진흙 한 숟가락을 넣고 막 휘저어서 물 전체에 진흙이 퍼지게 하고 그걸 가만히 두면 진흙은 아래로 가라앉지. 휘젓는다는 건 진흙 입자들을 움직이게 한다는 것이고 가만히 둔다는 건 진흙 입자들을 움직이지 않게 한다는 거야. 진흙 입자들이 움직이며 물에 퍼져 있을 때 햇빛에 비춰 보면 빛이 보여. 즉 진흙 입자들 사이가 조밀하지 않고 떨어져 있어서 그 사이로 빛이 들어오는 거야.

하지만 밑에 진흙 입자들이 가라앉아 모여 있는 쪽을 햇빛에 비추면 빛이 들어오지 않지. 입자와 입자 사이가 간격 없이 조밀해서 빛이 통과할 틈이 없어서 그래. 입자들이 움직이면 서로 간격이 벌어져서 밀도가 낮아지고, 입자들이 움직임을 멈추면 간격이 좁아져서 밀도가 높아진다는 사실, 이젠 알 수 있겠지?

엇갈리는 마음

20**년 3월 30일
요즘 황사 때문에 세상이 온통 누렇고 어두워. 앞으로 황사가 더 심해진대. 숲이
사라진 곳이 사막이 되면서 흙먼지가 많이 생기기 때문이래.

편서풍 미워.

편서풍이야 그냥 자기 길을 갈 뿐이지. 문제는 편서풍이 지나는 중국에서 황사가 일어나는 거야.

우리 몸에 아주 해로운 미세먼지도 편서풍에 실려 중국에서 날아온다던데.

콜록콜록! 황사 때문에 숨을 못 쉬겠어.

꽃샘추위 지나서 좋아 했더니 이번엔 황사라니. 무슨 봄이 이래.

단비네 집.

황사 때문에 세상이 온통 우울해 보여.

미래에는 매일 이래. 산소도 부족하고.

그럼 어떻게 숨을 쉬고 살아?

산소를 사서 마시거나 옥시존이란 돔 안에 들어가 살아야 해. 그런데 산소 값과 돔 입주비가 아주 비싸서, 가난한 사람들은 오염된 공기를 마시다 죽어 가지.

아마존이나 숲이 있는 곳에 가서 살면 되잖아.

117

아마존이나 숲은 모두 파괴되어 없어져. 또 봄과 여름의 기온이 40~50도나 돼서 그나마 있는 식물도 타 죽고 싹도 나지 않아.

가슴이 답답하다. 그만해.

알았어. 하지만 미래는 바꿀 수 있어. 그래서 내가 온 거고.

미래는커녕 지금의 상황도 어쩌지 못하는데 뭐.

무슨 일 있어?

요즘 세미와 마음이 자꾸 어긋나는 것 같아 속상해.

세미? 전에 나보고 똥개라고 했던 애? 난 개 별로더던데.

잘난 척하는 게 문제지만 나쁜 애는 아니야.

야, 그게 문제가 아냐. 발코니에 큰 문제가 생겼다.

황사로 빨래가 엉망이 되겠어. 어서 걷어.

후타닥

어휴, 이놈의 황사 언제나 끝나려나.

그래도 넌 행복한 시간에 사는 거야. 황사는 언젠가 걷히잖아.

황사가 봄날의 불청객이라고?

그건 말이지.

모락모락 아지랑이가 피어오르고 여기저기서 예쁜 꽃들이 손짓하는 봄날. 근처 공원으로 나들이라도 가 볼까 하는 참에 불쑥 나타나는 불청객이 있어. 바로 황사야.

해마다 봄이면 누런 모래를 뜻하는 황사가 우리나라의 하늘을 뒤덮곤 해. 황사가 생기는 곳은 비가 거의 오지 않는 중국과 몽골의 사막 지대야. 봄이 오면 얼어서 뭉쳐 있던 흙과 모래가 녹았다가 마르면서 작은 입자로 부서져. 그리고 또 사막의 지면이 달아올라서 데워진 공기가 위로 올라가는 상승기류가 생기지. 이 상승기류를 따라 모래며 흙먼지가 하늘 높이 올라갔다가 마침 지나가던 편서풍에 실려 우리나라가 있는 동쪽으로 이동하는 거야.

황사가 오면 눈과 목이 아프고 심하면 숨을 쉬기 어려울 정도로 고통스러워. 그뿐만 아니라 황사는 널어놓은 빨래를 더럽히기도 하고 자동차를 누렇게 덮어 버리기도 하지. 무엇보다 좋지 않은 것은 중국의 공장에서 쏟아 낸 해로운 물질들이 황사와 함께 온다는 거야. 그래서 황사는 우리 생활을 불편하게 만드는 데 그치지 않고 몸에도 아주 안 좋은 영향을 미칠 수 있어. 황사 너, 이제 그만 좀 오면 안 되겠니?

황사 마스크를 쓴 사람들

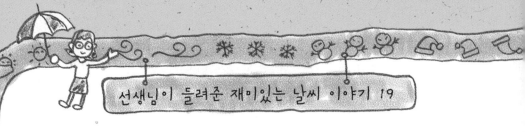

더 심해지는 황사, 그 이유를 밝혀라!

황사는 삼국시대 때도 있었던 현상이래. 그런데 요즘 들어 황사가 더 자주 생기는 데다 그 양까지 늘어나서 문제야. 그 이유는 황사가 발생하는 사막이 늘어나고 있기 때문이야. 땔감으로 쓰기 위해 나무를 베어 버려서 원래 숲이었던 곳이 사막이 되고 있어. 또 환경 파괴에 따른 기후 변화로 가뭄이 계속되는 것도 사막이 늘어나는 중요한 원인이야. 사막이 늘어나니 당연히 모래와 흙먼지의 양도 많아져서 황사가 점점 심해지는 거야.

황사가 심해질수록 그 피해도 늘어나고 있어. 하지만 하늘로 날아오는 황사를 막을 방법은 없으니 애초에 황사가 생기지 않도록 해야겠지. 그래서 요즘에는 중국뿐 아니라 우리나라와 일본 사람들까지도 힘을 모아서 중국의 사막에 나무를 심는 등 생태계를 되살리려 노력하고 있어. 하지만 이미 사막화는 전 세계적으로 일어나는 현상이 되어 버렸어. 그러니 무엇보다도 사람들이 환경을 파괴하는 행동을 멈추는 게 중요해.

뿌린 대로 거두리라, 산성비

산성비도 황사처럼 환경 파괴가 만들어 낸 또 다른 날씨 현상이야. 산성비는 황산이나 질산이 섞여서 내리는 비를 말해. 공장과 자동차에서 뿜어 대는 황산화물이나 질소산화물이 대기에 있는 수증기와 만나 산성비로 내리는 거야.

산성비는 토양을 오염시켜 식물을 죽게 하기도 하고, 강물에 섞여 들어가 물고기들을 죽게

산성비의 원인이 되는 자동차의 배기가스

만들기도 하지. 또 건물과 문화재를 부식시켜 빨리 망가뜨리고, 심지어 우리 몸에도 해를 끼친단다.

산성비가 내리지 않게 하려면 그 원인인 자동차의 배기가스와 공장의 공해 물질을 줄여야 해. 이것은 중국을 비롯한 이웃 나라도 같이 해야 할 일이야. 왜냐하면 중국에서 날아온 오염 물질이 우리나라에 내리는 산성비의 원인이 되기도 하거든.

황사를 데려오는 편서풍, 하지만 미워하진 말아 줘

편서풍은 서쪽에서 동쪽으로 부는 바람이야. 중위도 지방에서 부는데 우리나라가 속한 북반구뿐만 아니라 남반구에서도 편서풍이 불어. 편서풍은 서쪽의 위도 30도 부근에서 발생해. 하지만 지구의 자전 때문에 동쪽으로 이동하면서 위로 올라가지. 그래서 이동한 길을 선으로 그어 보면 동쪽보다 서쪽이 아래로 기울어져 있어. 지상과 가까운 편서풍의 아래쪽에서는 바람의 방향과 속도가 일정치 않지만, 대류권의 꼭대기에 가까운 윗부분으로 올라갈수록 속도가 빨라지고 방향도 일정해. 이렇게 대류권 꼭대기에서 빠르게 부는 바람을 편서풍 제트 기류라고 불러. 서쪽에서 동쪽으로 가는 비행기가 이 제트 기류를 타면 속도도 빨라지고 연료도 절약할 수 있지.

그리고 편서풍은 날씨에 큰 영향을 미쳐. 고기압, 저기압, 전선 등이 편서풍을 따라 움직이기 때문이란다.

극동풍

편서풍
서쪽에서 동쪽으로 불기 때문에
우리나라 서쪽에 있는 중국에서 일어난
황사를 우리나라로 가져와.

무역풍

20. 지구 전체의 대기대순환

봉민이의 꿈엔 큰 바람이 필요해

20*년 4월 15일
꽃샘추위도 황사도 지나고 이젠 진짜 봄이야.
거리에도 산에도 온통 꽃 천지지. 아~ 봄이다.

여길 보세요. 어, 뭐야, 좀 웃어.

자, 찍는다. 하나 둘 셋!

찰칵!

사진 다 찍었으면, 김밥이나 먹자. 아, 배고파.

알았어. 그럴 줄 알고 엄마가 김밥 많이 싸 주셨어.

이야, 맛있겠다.

잘 먹겠습니다.

와구 와구

역시 아줌마 음식 솜씨는 최고라니까. 냠냠냠

저기 요트다.

난 나중에 요트를 타고 세계 일주를 할 거다.

전엔 우주 여행을 한다더니, 이번엔 세계 일주냐?

하나만 하라는 법 있냐? 세상에 재밌는 게 얼마나 많은데.

야, 저렇게 작은 돛단배로 어떻게 넓은 바다를 건너냐?

너 뭘 모르는구나. 무역풍을 이용하면 쉽게 큰 바다를 건널 수 있다고. 그렇지, 단비야?

옛날엔 무역을 하는 배들이 그 바람을 이용해서 바다를 건넜대.

거봐. 앞으로 내게 잘 보여야 할 거야. 내 요트를 타고 싶으면 말이지.

마치 자기 요트가 있는 것처럼 그러네.

미래에 있을 내 요트를 말하는 거야. 암튼 너희 넌 안 태워 줄 거야.

야, 태워 준다고 사정해도 안 타. 저런 작은 배 타고 바다로 갔다 물귀신 될 일 있냐? 단비 넌 어때?

나도 별로 타고 싶지 않은데.

거봐, 싫다잖아. 세미야, 너도 싫지?

글쎄, 난 재미있을 거 같은데.

124

 지구 전체에서는 대기가 어떻게 순환할까?

 그건 말이지.

며칠 전에 황사를 몰고 오는 편서풍에 대해서 공부했는데, 지구에는 이렇게 이곳저곳을 여행하는 큰 바람들이 여럿 있어. 예전에 배운 계절풍도 제법 넓은 지역을 오르내리는 큰 바람이지. 바람마다 부는 방향이나 성질, 크기, 발생 장소 등은 제각각이지만 다 똑같이 태양열에 의한 온도 변화로 만들어져.

지구는 태양으로부터 끊임없이 열에너지를 전달받지만, 위도에 따라 그 양에 큰 차이가 있어. 적도 부분의 저위도 지역은 햇빛을 거의 수직으로 바로 받아서 뜨겁게 달아오르지만, 극지방의 고위도 지역은 햇빛이 거의 스쳐 지나가는 수준이라 차갑게 식어 버리지. 이렇게 위도에 따라 기온 차이가 생기면 더운 공기는 위로 올라가고 차가운 공기는 더운 공기가 비운 자리를 채우려 몰려들면서 지구 전체 규모로 대류가 일어나.

이런 커다란 대류는 지구의 자전, 큰 바다에 대해 대류이 차지하는 범위, 지표면의 특성 등에 따라 변화하면서 각기 다른 특성을 가진 바람이 되는 거야.

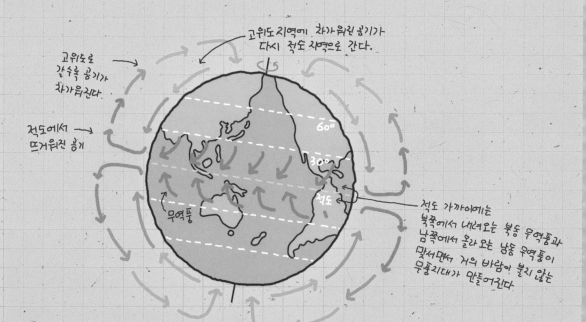

고위도지역에 차가워진 공기가 다시 적도 지역으로 간다.

고위도로 갈수록 공기가 차가워진다.

적도에서 뜨거워진 공기

무역풍

60°
30°
적도

적도 가까이에는 북쪽에서 내려오는 북동 무역풍과 남쪽에서 올라 오는 남동 무역풍이 맞서면서 거의 바람이 불지 않는 무풍지대가 만들어진다.

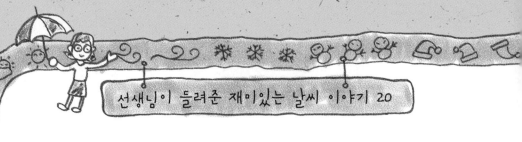

위도에 따라 다른 바람이 분다

지구는 위도에 따라 기온 차이가 커서 지역마다 바람의 성질이 달라. 위도 0~30도에서는 북동 무역풍이, 위도 30~60도에서는 편서풍이, 위도 60~90도에서는 극동풍이 불지. 먼저 북동 무역풍을 보자. 적도에서 달궈져서 하늘 높이 올라간 공기가 위도 30도 근처에서 차가운 공기를 만나 급격히 식어서 하강할 때 아열대 고압대가 만들어져. 이 고압대의 공기가 비어 있는 적도 지역으로 되돌아가면서 무역풍이 생기지.

다음은 편서풍이야. 위도 60도 근처에서는 남쪽에서 올라오는 따뜻한 공기와 극지방에서 내려오는 차가운 공기가 만나 상승기류가 생기는데 이게 고위도 저압대야. 이 저압대를 향해 위도 30도 근처에 있던 고압대의 공기가 몰려가면서 위도 30~60도 사이에서는 남에서 북으로 부는 편서풍이 생겨. 재미있게도 북동쪽 위도 30도에서 남서쪽 적도로 불어 내려오는 무역풍은 서쪽으로, 남서쪽 위도 30도에서 북동쪽 위도 60도를 향해서 불어 올라가는 편서풍은 동쪽으로 휘어지면서 불어. 이건 코리올리의 힘 때문이야.

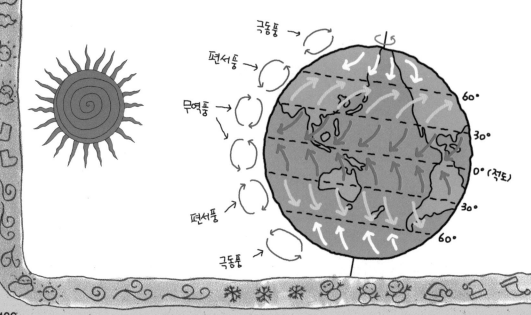

바람을 휘어지게 만드는 코리올리의 힘

자전하는 지구 위에서 움직이는 물체가 받는 힘을 코리올리의 힘이라고 해. 지구는 원형이기 때문에 위도에 따라 회전하는 속도가 달라. 똑같은 시간 안에 어떤 사람은 10미터를, 다른 사람은 20미터를 가야 한다면 20미터 가는 사람이 10미터 가는 사람보다 두 배 더 빨리 걸어야겠지? 원형인 지구는 자전할 때 고위도일수록 움직이는 거리가 짧아지니까, 고위도의 회전 속도는 느리고 저위도의 회전 속도는 빠르지. 그럼 저위도에서 고위도로 대포를 쏘면 어떻게 될까? 회전 속도가 빠른 저위도 지점의 영향을 받은 포탄이 회전 속도가 낮은 고위도 지점으로 날아가면, 생각했던 지점보다 훨씬 더 동쪽으로 가서 떨어지게 돼.

편서풍은 낮은 위도인 중위도에서 고위도로 부는 바람이야. 만약 지구가 자전을 하지 않는다면 이 바람은 곧장 고위도로 올라가서 편서풍이 아니라 남풍이 될 거야. 그런데 회전 속도가 빠른 중위도 지역에서 생긴 바람이 속도가 느린 고위도 지역으로 향해 가니까, 바람은 곧장 올라가지 않고 오른쪽으로 힘을 받아 동쪽으로 비스듬하게 휘어지면서 부는 거지.

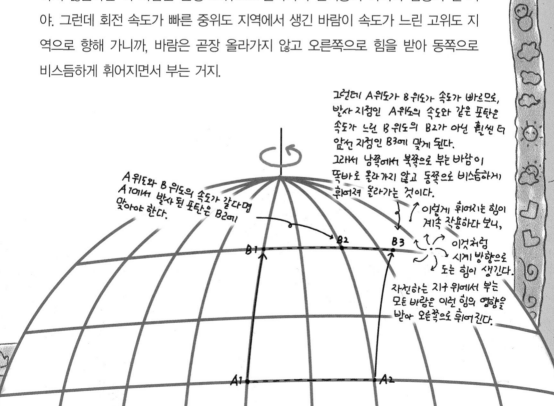

그런데 A위도가 B위도가 속도가 빠르므로, 발사 지점인 A위도의 속도와 같은 포탄은 속도가 느린 B위도의 B2가 아닌 훨씬 더 앞선 지점인 B3에 맞게 된다.
그래서 남쪽에서 북쪽으로 부는 바람이 똑바로 올라가지 않고 동쪽으로 비스듬하게 휘어져 올라가는 것이다.

이렇게 휘어지는 힘이 계속 작용하다 보니,

이것처럼 시계 방향으로 도는 힘이 생긴다.

자전하는 지구 위에서 부는 모든 바람은 이런 힘의 영향을 받아 오른쪽으로 휘어진다.

A위도와 B위도의 속도가 같다면 A1에서 발사된 포탄은 B2에 맞아야 한다.

소풍 전날 생긴 일

20*년 5월 10일
내일은 신 나는 봄 소풍 날. 맛있는 걸 잔뜩 먹을 수 있고, 재미있는 게임도 할 수 있어.
내일 날씨가 맑아야 할 텐데. 짓궂은 비가 내리면 어쩌지?

단비네 집.

단비야, 엄마 왔다.

肝膽相照

다녀 오셨어요?

이리 주세요.

어우, 무거워. 뭘 이렇게 많이 사셨어요?

내일이 네 봄 소풍 날이잖아. 먹을 것 좀 샀어.

우와, 대박! 내가 가장 좋아하는 초콜릿 쿠키다!

깜상은 어디 갔니?

볼일이 있다면서 나갔어요.

차 무서운데 왜 밤에? 걘 새까매서 운전자에게 잘 안 보일 턴데.

새까만 게 자기 무기래요.

아무리 미래에서 왔다지만 걘 참 별나. 그런데 내일 날씨는 어떻다니?

일기예보에선 내일 맑대요.

다행이구나. 일기예보 덕분에 다음 날 날씨를 미리 알고 준비할 수 있어서 참 좋아.

그래서 제 꿈이 기상 캐스터잖아요.

그래, 엄마도 네 꿈을 응원할게.

근데 엄마, 제 블로그 이웃 중에 예보민 언니라고 있잖아요?

응, 그 기상 캐스터 말이지?

제가 내일 소풍 간다고 블로그에 글을 올렸더니, 아이스크림 기프트콘을 보내 줬어요.

야, 단비 좋겠다. 텔레비전에 나오는 유명한 언니한테 선물도 받고.

그뿐만이 아니에요.

또 뭐가 더 있어?

방송국으로 오래요. 견학시켜 준다고.

꿈을 위해 노력하니까 이런 좋은 일도 생기는구나.

"덜컥" 깜짝

까 깜냥!

비틀 비틀

130

일기예보는 어떤 과정을 통해 만들어질까?

그건 말이지.

기상청은 여러 가지 기상관측 자료를 살펴보고 분석해서 일기도를 만든 다음 발표하는 일을 해. 이처럼 날씨를 미리 예측해서 사람들에게 알려 주는 것을 일기예보라고 하지. 일기예보가 진행되는 과정을 한번 알아볼까?

1. 다양한 기상관측기를 통해 기상관측을 한다.

2. 세계 곳곳에서 전해 온 관측자료를 수집한다.

4. 일기도를 작성한다.

3. 기상 자료를 분석한다.

5. 신문사나 방송국에서 일기예보를 발표한다.

여러 가지 기상관측기

1. 지상의 기상관측기

백엽상

우량계 내린 비의 양을 재는 기구
풍속계 바람의 속도를 재는 기구
증발계 물이 증발하는 비율을 재는 기구
일사계 태양으로부터 오는 복사에너지를 측정하는 기구
운고계 구름의 밑면 높이를 측정하는 기구
백엽상 습도계, 최고온도계, 최저온도계,
　　　　 자기온도계 등이 들어 있는 백색 나무상자

2. 상층의 기상관측

라디오존데 보통 풍선에 달아 하늘 높이 띄워 보내는
　　　　　　 기압계, 온도계, 습도계, 자외선 측정기 등을 넣은 상자
낙하존데 태풍 등의 기압을 측정한다거나 할 때 공중에서 기상관측 기구에
　　　　　　 낙하산을 붙여서 떨어뜨려 관찰하는 기구
기상레이더 구름에 전파를 쏘아 태풍이나 호우의 가능성 등을 조사하는 기구

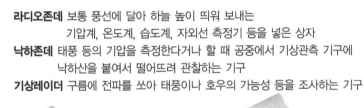

라디오존데

기상레이더

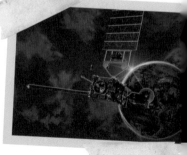
기상위성

3.바다의 기상관측

부이로봇

부이로봇 바다 아래에 매단 부이로
　　　　　 바다의 기상 정보를 얻는 기구

옛날에는 일기예보를 어떻게 했을까?

한반도 최초의 국가가 고조선인 건 다들 알고 있지? 고조선의 건국 신화는 《삼국유사》라는 옛날 책에 실려 있어. 그 책에 따르면 천제의 아들인 환웅(桓雄)이 자신을 따르는 3,000명의 무리와 풍백(風伯), 우사(雨師), 운사(雲師)라는 신하들을 거느리고 지상에 내려와 사람들을 다스렸다고 해. 그런데 세 신하들의 이름을 잘 보면 각각 바람, 비, 구름을 뜻한다는 걸 알 수 있어. 신화에서도 콕 집어 말할 만큼 옛날 사람들에게 날씨를 관찰하고 예측하는 일이 중요했다는 거야.

그도 그럴 것이 옛날에는 가장 중요한 산업이 날씨의 영향을 많이 받는 농업이었거든. 게다가 농업 기술이 오늘날처럼 발달하지 못해서 날씨에 따라 생산되는 농산물의 양도 차이가 컸어. 그래서 날씨의 변화에 민감할 수밖에 없었고 날씨를 예측하려고 많은 노력을 했지.

옛날 사람들은 해, 달, 별, 바람, 구름 등의 상태나 동물들의 특이한 행동을 보고 일기를 예측했어. 또 오랜 경험을 바탕으로 만들어진 속담이 일기예보의 기능을 하기도 했단다. 하지만 그런 방식으로는 날씨를 정확하게 예측하기 힘들었어. 그러다가 세종 때 측우기를 발명해서 비가 내린 양을 과학적으로 측정하기 시작했지.

근대에 들어서는 기압계, 온도계, 습도계 등 다양한 기기를 사용해서 과학적인 일기 예측을 할 수 있게 되었어. 19세기에 와서는 일기도를 만들어서 일기예보를 할 수 있게 되었고 말이야.

오늘날에는 날씨를 예측하는 데 기상위성 등 여러 첨단 장비들이 동원된단다. 그래서 지구 곳곳에서 날씨 자료를 모으고, 그걸 슈퍼컴퓨터로 분석해서 더욱 빠르고 정확하게 일기를 예측할 수 있게 되었어.

방송국에 가다

20*년 5월 25일
3주 전 밤, 깜상은 여기저기 망가진 모습으로 돌아왔어. 어떤 여자를 납치하려는 음모자들과
싸우다 그렇게 된 거래. 깜상, 전기 많이 먹는다고 뭐라 안 그럴 테니까, 힘내!

MBS 방송국.

방송국 라운지.

언니가 라운지로 오라고 했는데.

단비야.

안녕하세요, 언니?

블로그 사진으로만 봤지, 실제로 보는 건 처음이네. 실물이 훨씬 예쁜데.

언니야말로 정말 예쁘세요. 키도 크시고, 완전 짱이에요.

칭찬 고마워. 갈까?

크크, 언니 동작이 일기 예보 할 때랑 똑같아요.

그래요 후후, 직업병인가 보다.

자, 출발해 볼까?

예.

여긴 뉴스를 하는 곳.

텔레비전에 나오는 곳을 직접 보니까 신기해요.

여긴 드라마 촬영장. 조용히

여긴 촬영 중이니까 조심조심.

여긴 편집실.

모니터가 정말 많아요. 어지러워.

여긴….

여기가 어딘지 알 것 같아요. 일기예보를 하는 곳이죠?

오, 눈썰미가 보통이 아닌데. 그럼 한번 해 봐.

쭈뼛 쭈뼛

용기를 내서 해 봐. 화이팅!

어, 우리나라 쪽으로는 저기압이 있고, 위로는 고기압이 발달되어 있습니다. 저기압의 영향으로 전국이 흐리거나 비가 오는데요, 점차 고기압의 영향을 받아 맑아지겠습니다.

오케이. 잘 하네.

방송국에 왔으니 방송국 밥도 먹고 가야지?

감사합니다. 저, 근데, 부탁 하나 해도 돼요?

말해 봐.

135

친구들이 자기 사진에다 언니 사인 받아 오라고 해서….

당연히 해 줘야지. 자, 어디 보자.

어, 이 개는?

저희 집에서 함께 사는 개인데, 왜요?

얼마 전 내가 납치될 뻔했을 때 구해 준 개가 이 개야.

얼마 전 퇴근할 때 주차장에서 괴한들에게 붙잡혔어.

왜 이러세요? 이거 놔요.

그때 이 개가 나타났어.

웃기지 마.

여자를 놔 줘.

쿠궁

괴한들은 흉기로 이 개를 공격했어.

죽어라!

쾅

하지만 이 개는 물러서지 않고 싸웠어.

퍽!

퍽!

앙!

헉!

한참을 싸우다 괴한들은 도망쳤지.

두고 보자!

키르릉

괴한들을 물리치고 이 개는 사라졌어.

얘, 얘야.

절뚝 절뚝

나를 구해 준 개가 너희 집 개였다니….

단비의
날씨 일기

기상 캐스터는
무슨 일을 하나?

그건
말이지.

기상 캐스터는 날씨 정보를 라디오나 텔레비전을 통해 전해 주는 사람을 말해. 사람들에게 전해 줄 날씨 정보를 직접 취재해서 작성한다는 면에서 기상 전문가이고, 직접 작성한 날씨 정보를 마이크에 대고 이야기해 준다는 면에서 방송인이라고 할 수 있지. 그럼 기상 캐스터가 날씨 정보를 전달하기까지 어떤 과정을 거치는지 볼까?

우선 날씨 정보를 알리는 방송을 위한 대본을 작성해야 해. 그런데 그 대본은 방송 직전까지 확정된 것이 아니야. 날씨는 시간의 흐름에 따라 변화가 심하니까 날씨의 변화에 맞게 방송 대본도 그때 그때 바꿔야 하거든. 그러려면 날씨에 대한 정보를 끊임없이 분석할 수 있어야 하겠지. 대본 못지않게 중요한 건 무엇을 입을까 꼼꼼히 따져 보는 일이야. 옷차림도 날씨 정보의 하나이기 때문이지. 비가 올 땐 레인코트를 입는다든가 눈이 올 땐 목도리를 한다거나 하면서 말이야.

그 다음은 기상 뉴스를 촬영해야 해. 우리가 보는 텔레비전 화면에는 기상 캐스터가 그래픽을 이용한 기상도 앞에 서서 날씨 정보를 말하는 모습이 나타나지. 하지만 실제로는 배경이 전혀 없는 스크린 앞에서 촬영을 해서 미리 만들어 둔 그래픽 화면과 합성을 하는 거란다. 그래서 촬영할 때 기상 캐스터는 아무것도 없는 벽 앞에서 기상도가 있는 것처럼 자연스럽게 몸짓을 취해야 해. 그러려면 머릿속에 진짜와 똑같은 기상도가 들어 있어야 하겠지?

기상 캐스터가
아무것도 없는
벽 앞에서 자연스럽게
일기예보 방송을
하고 있어.

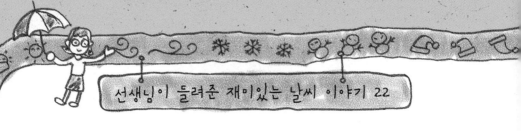

기상 캐스터가 되는 것이 꿈이라면 이렇게 해 봐!

기상 캐스터가 되고 싶다면 평소에 날씨에 관심을 갖고 관찰하는 것이 중요해. 방송국을 방문해 기상 캐스터가 하는 일을 직접 견학한다든가 지도를 펼쳐 놓고 일기도를 그려 보는 것도 좋아. 기상 캐스터가 되기 위한 전공이 특별히 있는 건 아니지만, 이과 계열을 전공하면 유리해. 그리고 기상 캐스터는 기상 전문가이기도 하지만 방송국에서 말을 하는 직업이니까 말을 또박또박 할 수 있어야 해. 그러려면 평소에 다른 사람들 앞에서 자기 생각을 발표하는 연습을 하면 좋을 거야.

또 날씨에 관심이 많다면 꼭 기상 캐스터가 아니더라도 날씨와 관련된 다른 직종도 있으니 미리 알아 두면 좋겠지? 예를 들어 기상 컨설턴트는 에어컨 회사나 난방기 회사, 스포츠 회사처럼 날씨와 밀접한 관련이 있는 기업에 필요한 날씨 정보를 제공해 주고 상담도 해 주는 사람이야. 그 밖에 기상 예보관, 기상 천문 연구원, 기상학자, 기후학자도 날씨 관련 직업이란다.

일기도는 어떻게 읽을까?

일기도에서 가장 먼저 눈에 띄는 것은 등압선이야. 일반 지도에 있는 등고선처럼 일기도 위에 겹겹이 둥글게 굽어진 선들이 보이지? 등고선은 산의 높이가 같은 지점을 연결한 선이지만 등압선은 기압이 같은 지점을 연결한 선이야. 그리고 등압선 중간에 써진 숫자는 기압을 나타낸 거야. 파란색으로 쓴 H라는 표시는 고기압이라는 뜻이고, 빨간색으로 쓴 L이라는 표시는 저기압이라는 뜻이야. 그리고 음표처럼 생긴 기호는 구름의 양과 풍향, 풍속을 나타내고 있어.

옆의 일기도를 보면, 우리나라 부근은 구름의 양이 많은 흐린 날씨라는 걸 알 수 있어. 서울의 경우 구름의 양이 많고 북쪽에서 바람이 불어오는데, 풍속은 5미터

퍼 세크(m/s)로 나뭇잎과 가지가 계속 흔들리고 깃발이 조금 흔들리는 정도의 바람이야.

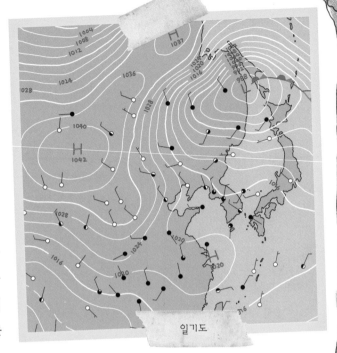

일기도

이제 오른쪽 윗부분을 보자. 붉은 선 위에 있는 둥근 꼬마 모자 같은 표시는 온난전선이고, 파란 선 위에 있는 삼각 꼬마 모자 같은 건 한랭전선이야. 전선이 위치해 있는 곳은 날씨가 좋지 않아.

그러면 바람이 가장 세게 부는 곳은 어디일까? 바로 저기압 부근의 등압선 간격이 좁고 촘촘히 그려진 곳이야. 등압선의 간격이 좁을수록 바람이 강하게 불기 때문이지.

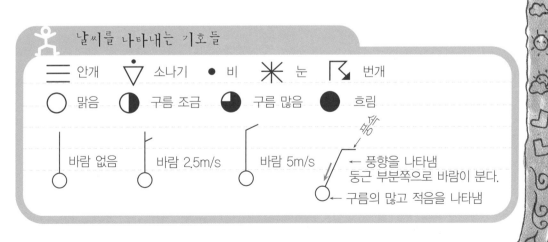

날씨를 나타내는 기호들

| ☰ 안개 | ▽ 소나기 | ● 비 | ✳ 눈 | ⌐ 번개 |

| ○ 맑음 | ◑ 구름 조금 | ◕ 구름 많음 | ● 흐림 |

바람 없음   바람 2.5m/s   바람 5m/s

풍향을 나타냄
둥근 부분쪽으로 바람이 분다.

← 구름의 많고 적음을 나타냄

나는 네가 싫어

20*년 6월 17일
봄이 왔나 싶더니 어느덧 여름이야. 봄과 가을은 점점 짧아지고, 여름과
겨울은 더 길어지고 있어. 올해는 또 얼마나 더우려나, 벌써 걱정이야.

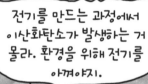

엄마.

우리 딸, 어서 와.

오래 기다리게 해서 미안해요. 여기 있습니다.

와, 빙수가 인기 폭발이네요.

더위가 일찍 시작된다는 네 말을 듣고 미리 빙수를 준비했지.

도르르르륵

날씨를 모르면 이제 장사도 못 하겠어요.

엄마는 날씨 박사가 옆에 있어서 얼마나 든든한지 몰라.

엄마, 제가 뭐 도와 드릴 거 없어요?

이거 순대와 김밥인데 봉민이네 좀 갖다 드려라.

네~.

기상청에서 자외선지수가 높다고 했는데, 모자라도 쓰고 올 걸 그랬네.

습기까지 많아 불쾌지수도 높고. 초여름인데 벌써부터 이렇게 찌니, 휴우~.

141

어, 세미야. 안녕.

어, 안녕.

너도 봉민이네 가니?

응. 아니, 아니. 나 저쪽으로 갈 거야.

에이~ 봉민이네 가는 거 맞는 거 같은데 뭘. 나랑 같이 가자.

이거, 놔!

탁!

어머, 이거 어떡해. 이거 어떡해.

야, 이게 무슨 짓이야? 너 도대체 요새 나한테 왜 그래?

난 네가 봉민이랑 친한 게 싫어. 둘이 맨날 같이 만화책 보는 것도 싫고, 봉민이가 네 흉내 내며 날씨 얘기 하는 것도 싫어. 나랑 둘이 있는 자리에서 봉민이가 네 얘기 하는 것도 싫다고.

세미야, 그 그건. 우 우린 친구잖아?

싫어. 나는 네가 싫어. 나는 네가 싫어. 나는 네가 싫어. 네가 싫어. 어. 나는 네가 싫어.

날씨와 생활은
어떤 관계가 있지?

그건
말이지.

우리 엄마는 포장마차에서 여름엔 팥빙수를, 겨울엔 호떡을 파셔. 날씨에 따라서 메뉴가 달라지는 거지. 이렇듯 날씨는 우리 생활이나 경제와 떼려야 뗄 수 없는 관계를 맺고 있어.

어부는 고기를 잡기 전에 파도와 바람의 상태를 알아보고 바다로 나간대. 농부는 비가 얼마나 내릴지 또 기온은 어떨지를 보고 농사 계획을 세우고 말이야. 또 스키장 경영자나 건물을 짓는 사람들, 항공사, 택배 회사, 배를 만드는 회사 등도 날씨에 아주 민감하다고 해. 특히 기상이변이 잦은 요즘에는 날씨를 잘 알아야 일을 제대로 하고 이익을 낼 수 있어.

그러다 보니 어떤 사람들은 아예 날씨 정보를 제공해 주고 이익을 얻기도 해. 날씨 마케팅이라는 말도 날씨와 경제가 아주 관련이 깊기 때문에 생겨난 말이지.

한편 기상청에서는 날씨와 관련된 생활지수를 발표해서 사람들에게 유익한 정보를 제공해 주고 있어.

여러 가지
날씨 정보가
가득한 기상청
홈페이지야.

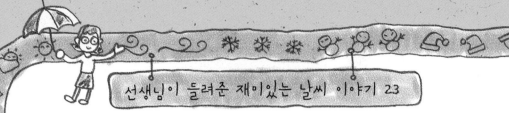
날씨를 알면 경제가 보인다

옛날이야기 중에 우산 장수와 짚신 장수를 둔 어머니 이야기를 들어 본 적 있니? 옛날에 우산 장수 아들과 짚신 장수 아들을 둔 어머니가 있었는데 비가 오는 날엔 짚신 파는 아들이, 맑은 날엔 우산 파는 아들이 장사가 안 될까 봐 근심했다는 이야기야. 만약 오늘날처럼 정확도 높은 일기예보가 있었더라면 어머니도 걱정할 필요가 없었겠지. 둘이 동업을 해서 그날그날 날씨에 맞게 우산이나 짚신을 팔면 될 테니까.

스마트폰을 통해서
보는 날씨 정보

요즘에는 텔레비전이나 인터넷, 휴대폰을 통해서 항상 날씨 정보를 얻을 수 있어. 그 덕분에 갑자기 날씨가 바뀌어도 사람들은 피해를 덜 입게 되었지.

또 날씨와 관련 있는 새로운 직업도 생겨났어. 사업가들에게 날씨 정보를 분석해서 알려 주는 직업도 있고, 날씨와 관련 있는 기계를 만들거나 수리하는 직업도 있어. 그리고 날씨 때문에 손해를 봤을 때 보상을 해 주는 날씨 보험도 있단다.

알면 알수록 유익한 날씨 생활지수

기상청 홈페이지에 들어가면 날씨 말고도 날씨와 관련된 여러 가지 생활지수가 나와 있는 걸 볼 수 있어. 이런 정보들을 이용하면 생활에 큰 도움이 돼.

날씨가 더울 땐 자외선지수나 식중독 지수, 불쾌지수를 알아보고 날씨가 추울 땐 체감온도나 동파가능지수를 알아보면 도움이 될 거야. 또 감기가능지수가 높다면 감기에 걸리지 않도록 좀 더 주의해야겠지. 그리고 농민들은 농약살포지수를, 어민들은 수산물지수를, 집을 짓는 사람들은 마감지수를 보면 아주 유익하겠지? 배를 탔을 때 멀미를 하는 사람에게 필요한 지수인 뱃멀미지수라는 것도 있단다.

기상청 홈페이지에
실린 생활지수

체감온도란 무엇일까?

기온은 어제와 비슷한데 유독 더 추운 날이 있지? 그건 바람 때문이야. 바람이 불면 우리 몸은 체온을 더 많이 빼앗겨서 바람이 없을 때보다 더 춥게 느껴. 이처럼 우리 몸이 느끼는 추위나 더위의 정도를 온도로 나타낸 것을 체감온도라고 해.

반대로 여름을 생각해 봐. 평소와 기온은 같아도 비가 내리기 전이나 공기 중에 습기가 많으면 더 덥게 느껴지곤 하지? 원래 우리 몸은 체온이 올라가면 땀이 나오고, 그게 증발하면서 올라간 체온을 내려 주게 되어 있어. 그런데 대기 중에 습기가 가득 차 있으면 땀이 증발할 공간이 없어져서 체온이 내려가지 않아. 그래서 같은 기온이라도 습기가 많을 때 더 덥게 느끼는 거야.

그런데 바람과 습기 말고 햇볕, 심리 상태 등도 체감온도에 영향을 미쳐. 불쾌지수라는 말 많이 들어 봤지? 이건 무더위에 대해서 몸이 느끼는 쾌적함의 정도를 나타내는데 일종의 체감온도라 할 수 있어.

달콤한 방귀

20*년 7월 20일 장마
오호츠크해 기단과 북태평양 기단이 섞이지 않고 서로 맞서면서 끊임없이 비가 내리고 있어.
그날 이후 나와 세미 사이처럼 말이야. 이 불편하고 지루한 장마는 언제쯤 끝날까?

냄새는 세균 때문에 생기는 거야.

자외선 발사!

지이이잉~

지이이잉~

지이이잉~

야, 누가 모를 줄 알아, 입으로 소리 내는 거. 아무 빛도 안 보이네 뭐.

보이는 빛은 가시광선이지. 자외선은 우리 눈에 안 보여. 이리 와서 빨래 냄새 맡아 봐.

콩콩!

우아, 자외선으로 소독한 거구나! 냄새가 전혀 안 나.

뭐 그 정도 가지고. 힘 좀 썼더니 출출하네. 건전지 하나만 갖다 줘.

네가 갖다 먹어. 비가 좀 잦아드는 거 같네.

그렇게 201*년의 지루한 장마는 끝이 났다.

201*년 7월 23일
오호츠크해 기단과 북태평양 기단과의 대결은 북태평양 기단의 승리로 끝이 났어. 언제나처럼. 이젠 북태평양 기단이 몰고 오는 뜨거운 공기가 우리나라를 뒤덮고 있어.

아우, 더워. 선풍기도 소용이 없네.

내가 좀 도와주지.

야, 뭐야? 엉덩이 치워.

뿌우웅~

읍, 더러워.

하나도 안 더러운 거야. 입으로 빨아들인 더운 공기를 배 속에서 급랭시켜서 항문으로 내보내는 거라고. 어때 내 에어컨 방귀가? 시원하지?

좀 더러운 느낌이지만 시원하기는 하네.

에어컨 방귀 연속 발사! 뿌웅 뿌웅

킁킁킁~ 그런데 방귀에서 달콤한 냄새가 난다?

아까 초콜릿을 먹었거든.

그럼 초콜릿 빙수 방귀네.

크크!

148

여름의 특징은
무엇일까?

그건
말이지.

하지는 일 년 중 태양고도가 가장 높아서 머리 위로 똑바로 햇볕이 내리쬐는 때야. 매년 6월 21일 무렵인데, 이때가 한 해 중에서 가장 낮이 길어. 뜨거운 태양열이 오래도록 지표면을 달구니 기온이 쭉쭉 올라가지. 또 이 무렵에는 북태평양 기단이 발달해서 덥고 습한 남동 계절풍이 불어와. 바야흐로 뜨거운 여름이 우리 곁에 온 거야.

보통 6월부터 여름이라고 하지만, 사실 요즈음은 지구 온난화 때문에 5월 말만 되어도 벌써 덥다는 소리가 나와. 겨울과 여름이 길어지는 바람에 나들이하기 좋은 봄가을이 짧아졌다고 불평하는 사람들도 많아졌고 말이야. 거기에 여름 기온이 점점 더 높아져서 열사병으로 목숨을 잃는 사람들까지 생기니, 여름방학이 온다고 마냥 좋아할 일은 아니야.

여름에 들어서면 곧 기나긴 장마가 시작돼. 장마의 길이는 일정치 않지만 보통 한 달 정도야. 그런데 2013년엔 장마가 무려 50일이나 이어지기도 했어. 장마가 끝나면 날마다 기온이 30도를 훨씬 넘는 가마솥 같은 무더위가 시작되지.

더운 여름날
계곡에서 아이들이
시원하게 물놀이를
하고 있어.

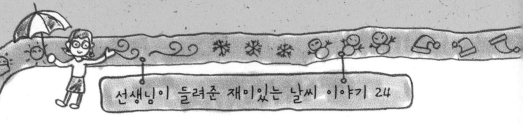

지긋지긋한 장마, 너는 왜 생기는 거니?

여름의 문턱에 들어선 6월 말부터 한 달 동안은 비가 주룩주룩 내려. 이게 바로 장마야. 우리나라 봄가을 날씨가 양쯔강 기단의 영향을 받고, 겨울 날씨가 시베리아 기단의 영향을 받는다는 건 앞서 기단을 공부하면서 배웠지? 장마도 우리나라 주변에 있는 기단 때문에 생겨.

북태평양 기단이 우리나라에 무더운 공기를 몰고 오는 것과 동시에 차고 습한 오호츠크해 기단도 우리나라를 향해 다가와. 성질이 다른 두 기단은 섞이지 않고 서로 맞서는데, 이렇게 기단이 맞서는 경계를 전선이라고 해. 습기를 많이 머금은 두 기단의 전선에서는 공기의 흐름이 불안정해지고 비구름이 만들어져서, 우리나라를 위아래로 오르내리며 많은 비를 뿌려. 이런 전선을 장마전선이라고 해.

한 달 동안이나 지루하게 이어지는 장마는 마침내 북태평양 기단이 세력을 넓혀 오호츠크해 기단을 밀어내 버리면 끝나. 그때부터 우리나라는 본격적으로 북태평양 기단의 영향을 받아 무더위가 시작되지.

계속되는 비로
불어난 청계천

온 나라를 찜통으로 만드는 무더위

차가운 오호츠크해 기단이 우리나라 밖으로 밀려나면 북태평양 기단의 뜨거운 공기들이 몰려들지. 태양고도도 높아서 불덩이 같은 햇볕이 머리 위에 쏟아지고 말이야. 이런 무더위는 장마가 끝나는 7월 말부터 8월 하순까지 전국을 찜통처럼 만들어. 이때 많은 사람들이 무더위를 피해 휴가를 떠나기도 해서 휴가철이라고 불러.

본격적인 무더위가 시작되면 낮은 물론이고 밤에도 그 뜨거운 기세가 꺾이지 않아. 보통은 낮에 태양열로 뜨거워진 지표면이, 태양이 없는 밤에는 열을 대기로 내보내며 식어서 기온이 내려가지. 그런데 밤에도 대기의 온도가 높으면 지표면의 열이 대기로 빠져나가지 못해. 열은 온도가 높은 곳에서 낮은 곳으로 옮겨가는데, 열이 전해져야 할 공기의 온도도 높으니 열이 이동할 수가 없는 거야. 거기다 습한 북태평양 기단에서 흘러들어온 대기에는 수증기가 많은데, 이 수증기들이 열을 품고 있는 바람에 더욱 무더워지지. 이 렇게 기온이 25도 이상인 무더운 밤을 열대지방처럼 덥다고 열대야라고 해.

무더위를 피해
강가로 나온 사람들

음모자들로부터의 초대

20**년 7월 30일
장마가 지나자 본격적인 무더위가 시작됐어. 더위를 피해 사람들은
계곡이나 바다로 피서를 떠나. 아, 나도 바다에 가고 싶다.

단비네 포장마차.

해마다 점점
더워지네.

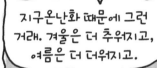

지구온난화 때문에 그런
거래. 겨울은 더 추워지고,
여름은 더 더워지고.

어때, 초콜릿 빙수?
이번에 새로
만들어 본 건데.

진짜 맛있어요.
후루룩 후루룩;

엄마, 할아버지한테
전화 왔는데요.

엄마 손이 젖어서
그러는데,
네가 좀
받아
줄래?

할아버지 안녕하세요.

단비야, 방학도
했으니 외갓집에
놀러 오너라.

엄마, 할아버지가
외갓집에 놀러
오라시는데요.
아, 바다 가고 싶다.

그래? 엄마 좀 바꿔 봐.

예, 아버지. 예. 깜상을요? 꼭 단비랑 같아요. 알았어요.

날도 더우니 외갓집 가서 놀다 와. 그런데 깜상도 꼭 데려오라시네.

야, 신난다.

외갓집이라면 서해안에 있는 섬? 야, 나도 가고 싶다.

섬? 바다? 야, 낭만적이다. 나도 같이 가면 안 돼?

같이 가면 나도 좋지.

가려면 부모님 허락 먼저 받아야지.

예~

그런데 세미는 오늘 어디 갔어?

방송국에 간다고 그러던데. 슈퍼스타 에이 예선 참가한다고.

우리한테도 얘기하지. 응원 갔을 텐데.

너 휴대폰 안 가져 왔잖아. 내가 아까 전화했다고.

MBS 방송국.

방송국 라운지.

정말 넓다. 예선 보는 데는 어디지?

얘, 거기 너 세미 맞지?

어, 예보민 기상 캐스터시네요. 그런데 어떻게 절 아세요?

전에 단비가 사진을 보여 줘서 알지. 예쁘게 생겨서 멀리서 봐도 금방 알겠던데.

제가 예쁜 건 사실이지만, 언니가 훨씬 예쁜데요, 뭘.

하하하, 고맙구나. 근데 내가 뭐 좀 부탁해도 될까?

예, 얼마든지요.

내가 단비에게 전해 줄 말이 있는데, 얘가 연락이 통 안 되네. 네가 이 쪽지 좀 전해 줄래?

예, 알았어요.

부탁해~.

그런데 요즘 일기예보가 잘 안 맞더라.

이건 비밀인데 말이야. 예보민 언니가 그러는데, 며칠 전 전 세계 기상위성들이 동시에 망가져서 작동이 멈췄대.

진짜? 어떻게 모든 기상위성들이 동시에 멈추지?

테러조직이 그런 게 아닌가 해서 비밀리에 조사중이래.

요즘 왜 이러니? 기상학자와 환경 운동가가 연이어 실종되고, 이젠 기상위성까지 한꺼번에 망가지고. 괜히 무섭다.

그러게 말이야.

인천 연안부두 근처 **빌딩 지하실.

내가 진짜 단비 할아버지인 줄 알겠지?

쩌이익~

쩌이익~

쿠궁!

직접 만나면 자기 할아버지가 아닌 걸 알아챌지 모르니 다른 얼굴로 변신하자.

너희를 데려갈 선장님으로 변신해 주지, 크크크.

깜상, 기다리고 있으마.

세미의 방.

단비야. 음모자들이 인천 쪽으로 간 것 같다. 절대 그쪽으로 가지 마. 에반만.

내가 왜 단비 심부름을 해야 해?

할 할 할

어, 봉민이가 웬일이지?

고봉민
띠리링~

응. 단비와 함께 인천 앞바다에 있는 섬에 간다고? … 나도 같이 가자고? 싫어. 너도 안 가면 안 돼?

위험할 거 같은데 가지 마. … 약속한 거라 어쩔 수 없다고? 몰라, 그럼. 끊어.

"탁!"

어우, 이거 어쩌지? 쪽지는 이미 태워 버렸는데.

으아, 정말 미치겠네.

내가 가 봐야 하나?

156

온실 기체가 뭐지?

그건 말이지.

온실은 햇빛이 잘 들어오는 비닐이나 유리로 만든 집이야. 비닐은 바깥의 냉기는 막고 안의 따뜻한 공기는 가두는 역할을 해. 그래서 바깥 기온과 상관없이 온실 안은 일정한 온도를 유지하기 때문에 사시사철 동식물이 잘 자랄 수 있어. 그런데 지구도 하나의 커다란 온실이래. 이건 무슨 소릴까?

앞서 <2. 대기>에서 선생님은 이런 이야기를 해 주셨어. 태양이 지구로 내뿜은 복사에너지 중 50퍼센트는 지표면에서, 20퍼센트는 대기에서 흡수되고 나머지 30퍼센트는 반사되어 우주로 흩어져 간다고 말이야.

지표면은 흡수한 태양의 복사에너지를 다시 우주로 내보내는데, 그 에너지가 모두 우주로 흘러가는 건 아니야. 대기 중에 그 에너지를 가두는 역할을 하는 온실 기체라는 게 있거든. 이산화탄소, 메탄, 수증기 등을 말하는데 만약 이 기체들이 지구가 내보내는 에너지를 가두어 두지 않는다면 지구는 밤새 꽁꽁 얼어붙을 거야.

지구를 이불처럼 감싼 온실 기체 덕에 지구의 온도는 일정하게 유지되고 생명체가 살 수 있는 것이지. 이렇게 생각하면 참 고맙고 고마운 기체들인데, 알고 보면 마냥 고마워할 일은 아니라고 해. 왜 그러는 걸까?

온실

온실은 항상 온도를 일정하게 유지해 줘.

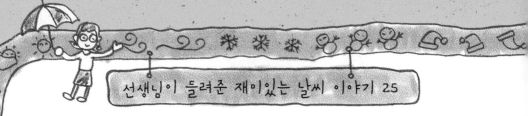

지나치면 독이 된다, 온실 기체의 증가

온실 기체가 많아져서 점점 더 많은 열을 붙잡아 둔다면 지구의 기온이 자꾸만 높아질 거야. 그러면 증발하는 수증기의 양도 많아지고, 수증기가 모여서 쏟아지는 비의 양도 많아지겠지. 대기는 끓어오르는 열기로 불안정해질 테니 비도 지구 전체에 골고루 내리는 게 아니라 특정 지역에 집중해서 퍼부을 거야. 남극이나 북극의 빙하가 녹아내려 바닷물의 양이 늘어나면 해안가 도시들은 바다에 잠길 수도 있어. 그러면 얼음 위에서 사는 펭귄과 북극곰은 살 곳을 잃고 죽어 갈 거야.

온실 기체가 늘어나서 지구의 기온을 높이는 것을 지구온난화라고 해. 온실 기체 중 특히 문제가 되는 것이 이산화탄소야. 이것은 석유나 석탄 같은 화석 연료를 태울 때 생기는 기체야. 오늘날 공장과 자동차에서 과거보다 훨씬 많은 이산화탄소가 나오고 있어 큰일이야. 지금처럼 사람들이 석유나 석탄을 계속 태우는 한 지구온난화는 점점 더 심해질 텐데 말이야.

그래서 세계 여러 나라들은 온실 기체의 배출을 줄이기로 뜻을 모아서 국제 기후 협약을 맺었어. 그리고 이 협약을 꼭 지키자고 교토의정서를 통해 약속했지. 하지만 온실 기체를 줄이자는 것은 공장과 자동차를 멈추자는 말과 같아. 그래서 공장과 자동차가 국가 산업에서 큰 비중을 차지하는 나라들은 약속을 어기고 여전히 많은 온실 기체를 대기로 내보내고 있어.

탄소배출권을 사고파는 시장이 있다고?

탄소배출권이란 말 그대로 탄소를 배출할 수 있는 권리야. 여러 나라들은 교토의정서를 통해서 자기 나라에서 내보내는 이산화탄소 양을 줄이기로 약속했어. 그런데 어떤 나라가 약속한 만큼 이산화탄소 양을 줄이지 못했다면, 자신들이 어긴

양만큼 다른 나라에서 탄소배출권을 사와야 해. 반대로 이산화탄소 배출량을 줄인 나라는 그만큼 탄소배출권을 팔아서 이익을 얻을 수 있겠지. 세계 각국은 이런 방식을 통해서라도 화석 연료에서 배출되는 이산화탄소를 줄이고자 하는 거야.

엘니뇨와 라니냐는 무역풍이 고장 나서 생기지

평소와 다른 날씨의 급작스런 변화를 기상이변이라고 해. 그런데 이때마다 엘니뇨와 라니냐라는 단어가 빠지지 않고 등장해. 엘니뇨는 스페인어로 '남자아이' 또는 '아기 예수'라는 뜻이야. 페루 지역에서 크리스마스 즈음에 평소보다 해수 온도가 높아지는 현상을 보고 그렇게 이름을 붙였대. 페루 등 동태평양 지역은 동쪽에서 서쪽으로 무역풍이 부는 곳이야. 그래서 그 지역의 따뜻한 바닷물이 서쪽으로 흘러가 온도가 일정하게 유지되던 곳이지. 그런데 언제부터인가 무역풍이 약해지면서 바닷물의 흐름도 약해졌어. 그 바람에 서쪽으로 흘러가야 할 따뜻한 바닷물이 머물면서 바닷물 위 기온이 높아지고 그 공기가 습기를 잔뜩 머금고 위로 올라가 비가 되어 퍼붓는 기상이변이 벌어진 거야. 즉 지구온난화로 인해 기온이 비정상적으로 올라가서 대기 순환에 이상이 생기고, 무역풍이 약해져 동태평양 지역에 폭우 같은 기상이변이 생긴 것이지.

엘니뇨로 인해 동태평양 지역에 폭우가 내리면 원래 비가 많이 오던 인도네시아 등의 서태평양 지역은 가뭄이 들어. 무역풍을 통해 동태평양 지역에서 흘러들던 따뜻한 바닷물이 오지 않기 때문이야. 따뜻한 바닷물이 와야 기온이 높아져서 수증기가 하늘로 올라가 비로 내릴 텐데 그렇지 못하니 가뭄이 드는 거지.

라니냐는 엘니뇨와 반대로 무역풍이 오히려 강하게 불어 바닷물 온도가 평소보다 낮아져서 생기는 현상이야.

위험한 휴가

20*년 8월 12일
드디어 푸른 바다가 출렁이는 섬으로 출발! 그런데 안 가겠다던 세미가 갑자기
마음을 바꿔 함께 가게 됐어. 이번 기회에 세미와 마음을 풀었으면 좋겠어.

자외선은 오존층이 다 막아 주잖아.

요즘 오존층이 많이 파괴돼서 지표면까지 내려오는 자외선의 양이 많아지고 있대.

진작 알려 주지. 나 어떡해요

걱정 마. 넌 자외선 차단제 발랐잖아.

난 안 발랐는데.

여기 있어. 내 거 발라.

아, 살았다.

통~통~통~통~

통~ 통~ 통~

저기다. 다 왔다.

통~통~통~통~

저긴 할아버지가 사시는 섬이 아닌데요.

저 섬에서 할아버지가 조개를 잡고 계셔.

아, 예.

자, 다들 내려라.

161

야, 이제 모험이 시작되는 건가?

우리 외갓집에서 먹고 자는데 무슨 모험이야. 그냥 놀러 온 거지.

단비야, 아저씨가 우릴 두고 가는데.

아저씨, 저희를 두고 가시면 어떡해요?

캬캬캬, 무인도에 갇혀서 태풍 맛 좀 보라고.

찌이익~

쿠쿵!

털보 아저씨가 아냥

저놈은 음모자야

캬캬캬캬~

쏴아아~

철썩! 철썩!

휘이이잉~

이젠 어떡해? 휴대폰도 안 터지고.

해가 지기 전에 잘 곳을 찾아야 해.

일단 밀물 때 잠기지 않는 곳을 찾아야지.

저 위 바위 밑에 빈 공간이 있는데.

야, 여기 제법 아늑한데.

다음으로는 땔감을 구해 오자.

오케이. 그건 세미와 내가 맡지.

서희야, 넌 나와 마실 물을 찾아 보자.

바위나 흙에 물기가 있는지 잘 봐.

서희가 싸온 과자가 아니었으면 꼼짝없이 굶을 뻔했어.

이제 우린 어떻게 되는 거지?

인천 앞바다니까 배들이 많이 다닐 거야.

야, 이거 꼭 《15소년 표류기》 같다.

고봉민, 넌 이 상황에 그런 소리가 나오냐?

아함~ 졸려. 난 먼저 잔다.

나도.

음모자들이 이러는 이유가 뭐야?

대기 환경이 나빠지면 이익이 되기 때문이야.

환경이 나빠지는 게 어떻게 이익이 돼?

미래엔 대기가 나빠져서 사람들이 산소를 사 먹어야 한다고 했잖아. 산소는 옥시존(OxyZone)이라는 대기업이 독점하고 있어. 산소 제조 기술의 특허를 옥시존이 모두 갖고 있기 때문이야. 그리고 불법으로 산소를 만들었다간 바로 감옥행이야.

사람의 목숨이 달린 산소를 기업 하나가 독차지하다니. 말도 안 돼.

옥시존 입장에선 대기가 나빠지면 나빠질수록 돈을 버는 거지. 음모자들은 바로 옥시존에서 보낸 자들이야.

그럼 환경 오염을 막으려는 기상학자나 환경 운동가가 실종된 것도 그들의 짓인가?

증거를 잡진 못했지만, 아무래도 그런 것 같아.

졸려. 자야겠어.

나도 절전 모드로 전환.

휘이이이잉~

쿠르릉~

쿠르르릉~

오존이 뭐지?

그건 말이지.

　우리가 들이마시는 산소 분자의 화학식은 O_2라고 써. 여기서 O는 산소 원자를 뜻하고 뒤에 있는 2는 산소 원자 두 개가 붙어 있다는 걸 뜻해.

　이런 식으로, 산소 원자 3개가 합쳐져 만들어진 오존의 화학식은 O_3야. 이렇게 보면 오존과 산소가 참 비슷해 보이지만 둘은 완전히 다른 기체야. 일단 산소 원자 2개가 합쳐진 산소 분자는 안정적이어서 잘 파괴되지 않아. 하지만 산소 원자 3개가 합쳐진 오존은 불안정해서 쉽게 쪼개지는 성질이 있어.

　그럼 오존은 어떻게 생겼을까? 오존의 탄생은 아주 옛날, 지구에 첫 생명체가 태어난 때로 거슬러 올라가. 지구 최초의 생명체인 남조류는 광합성을 하면서 산소를 내뱉었어. 이렇게 생겨난 산소 중 일부는 성층권까지 올라가서 원자가 3개씩 뭉쳐서 오존이 되었지.

　성층권에 모인 오존들은 오존층이 되어 지구를 감싸고 있어. 오존은 태양빛 중 자외선을 흡수하는 성질이 있대. 자외선은 생명체에 아주 위험한 빛인데 오존층이 그것을 대부분 흡수해 주는 덕분에 지구에 생명들이 살 수 있는 거야.

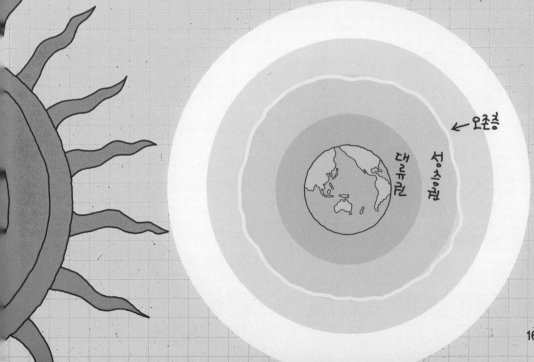

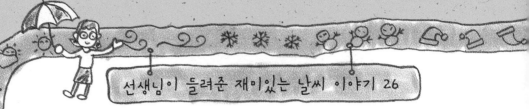
오존의 두 얼굴

성층권에 모여 있는 오존은 강한 자외선을 흡수하는 과정에서 산소 원자로 쪼개졌다가 다시 3개씩 뭉치면서 오존으로 되돌아와. 그래서 성층권의 오존의 양은 언제나 일정하게 유지돼서 강한 자외선을 변함없이 막아 주는 거지. 하지만 오존은 표백제나 살균제로 쓰일 정도로 강한 독성을 가진 기체이기도 해. 오존이 대기 중에 아주 조금 있을 때는 상쾌함을 느낄 수도 있지만, 그 양이 늘어나면 호흡 기관 등에 심각한 해를 입힐 수 있어.

오존은 성층권에 있을 땐 자외선으로부터 우리를 지켜 주는 고마운 존재지만, 지표 근처에서는 우리의 건강을 위협하는 고약한 녀석으로 변해. 가까이 하기엔 참 어려운 두 얼굴의 기체가 바로 오존이야.

생명의 방어막, 오존층이 파괴된다

프레온가스를 이용하는 헤어스프레이

만약 오존층이 없어진다면 지구에 어떤 일이 생길까? 일단 사람들이 강한 자외선을 직접 받게 되면 피부암과 백내장이 생겨. 또 면역력도 떨어져서 여러 질병에 쉽게 걸릴 거야. 농작물은 자외선에 타들어 가서 제대로 자라지 못하고, 바다에는 물고기들이 병들어 죽어 갈 거야. 오존층이 사라진다는 건 정말 생각만 해도 끔찍한 일이야. 그런데 이렇게나

중요한 오존층을 프레온이라는 가스가 실제로 파괴하고 있다니 참 큰일이지 뭐야?
　프레온가스는 냉장고나 에어컨 등에서 공기를 차갑게 만들어 주는 역할을 하는 기체야. 헤어스프레이나 전자 제품의 세척제 등에도 사용되지. 프레온가스의 원래 이름은 염화불화탄소인데 이 물질이 성층권으로 올라가면 강한 자외선을 받아 염소 원자가 튀어 나와. 이 원자 하나는 자그마치 10만 개의 오존 분자를 파괴하면서 100년 동안이나 성층권에 머무를 수 있다고 해. 인간을 비롯한 생명체의 미래를 위해서 어서 빨리 프레온가스의 배출을 줄여야 해.

오존주의보라고?

　대기 중에는 아주 적은 양의 오존이 있지만 이 정도로는 생명체에 아무런 해가 없어. 그러나 오존의 양이 늘어나면 그 산화력이 인체에 나쁜 영향을 미치지.
　오존의 양이 늘어나는 건 자동차 배기가스 속의 질소산화물, 황산화물 같은 물질이 강한 태양에너지를 흡수하면서 오존으로 변하기 때문이야. 그래서 오존은 주로 햇볕이 강하게 내리쬐는 여름날 오후, 자동차 매연이 많이 나오는 도시 지역에서 많이 생기지. 오존이 많아지면 기침이 나고, 숨이 차고, 불쾌한 냄새가 나고, 눈이 아픈 증상이 나타날 수도 있어. 공기 중에 오존 농도가 1시간 평균 0.12피피엠이 넘으면 오존주의보가 내려져. 그런 날엔 될 수 있으면 외출을 하지

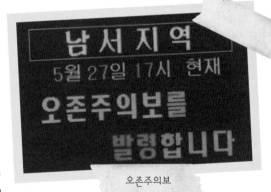

오존주의보

말고, 만일 외출했다가 돌아왔다면 깨끗하게 씻어야 안전하단다.

태풍 속으로

20**년 8월 13일
하루 사이에 날씨가 아주 나빠졌어. 바람이 세차게 불고 파도도
무척 높게 일고 있어. 그리고 먹구름이 몰려오고 있어.

날씨가 갑자기 나빠졌어.
바람도 강하게 불고.

이거 태풍
오는 거 아냐?

요맘때 올라오는 태풍은
북태평양 고기압에 막혀
동남아시아 쪽으로 가는데.

지금 이런 상황에서도
잘난 척이냐?

내가 무슨 잘난 척을 해.
일기예보에서도 태풍
얘기는 없었다고.

요즘 일기예보가
잘 안 맞잖아. 기상위성도
모두 고장났다며?

기상위성 외에도 정찰기나
레이더 등으로 태풍을
감시하고 있어.

만약 그마저도
망가졌다면?

일단 비바람을 피할 곳을 찾아
보자. 파도가 높아져서 여기는
더 이상 안전하지 않아.

실종됐던 기상학자 정미래 박사님이야.

정신 차리세요.

탈진한 거 같아. 포도당 주사를 놓자.

와, 그런 것도 갖고 있어?

이 녀석, 은근히 잘난 척하네.

난 모든 위급 상황에 대처할 수 있도록 만들어진 로봇이야. 조금 있으면 깨어날 거야.

음~, 너희가 날 구했구나.

박사님도 음모자들에게 납치된 거예요?

그래. 그나저나 지금쯤 음모자들이 기상위성을 모두 망가뜨렸겠구나.

예. 그런데 무얼 노리고 기상위성이나 레이더를 망가뜨리는 걸까요?

사람들의 무관심이지. 일단 사람들이 맞지 않는 날씨 정보에 불만을 갖게 해서 기상학자 등 날씨에 관련된 일을 하는 사람들을 믿지 않게 만들어. 날씨나 기후에 대한 불신은 결국 무관심으로 이어지지. 음모자가 노리는 게 바로 이 무관심이야.

파도가 동굴 입구까지 왔어요.

높은 데로 옮겨야 해. 너울이 몰려오면 여긴 위험해.

저희가 부축해 드릴게요.

쿠르르릉~

휘이이이잉~

쿠쿠쿠쿠쿠

조금만 힘내.

손에 힘이 빠져.

앗!

미끈

턱!

대롱 대롱

서미야, 꽉 잡아.

아, 손이 미끄러져.

태풍은 어떻게 만들어지지?

그건 말이지.

태풍은 거대한 열대성 저기압으로 적도 근처 열대지방의 바다에서 만들어져. 뜨거운 태양열이 적도의 바다를 데우면 수온이 27도 이상으로 올라가. 뜨거운 바닷물이 데운 공기와 많은 양의 수증기가 위로 올라가면 상승기류가 만들어지고, 그곳에 저기압이 생긴다는 건 앞서 <6. 고기압과 저기압>에서 배웠던 거야.

자, 그럼 강한 상승기류에 의해 올라간 수증기는 어떻게 될까? 수증기들은 응결해서 물방울을 만들고, 이때 품고 있던 열을 내보내. 이 열이 다시 저기압을 키우는 에너지로 사용되고 응결된 물방울들은 모여서 커다란 구름을 만들지. 이렇게 만들어진 저기압은 코리올리의 힘에 의해 회전하면서 태풍의 모양을 갖추게 돼.

태풍은 소용돌이치면서 서서히 북쪽으로 이동해. 그리고 데워진 바닷물에서 엄청나게 많은 수증기를 빨아들이면서 점점 크게 자라나. 저기압의 힘이 강해질수록 안으로 빨려 들어가는 바람의 힘도 강해져서 바람의 속도는 무려 초속 17미터 이상이 돼. 그리고 말려 올라간 엄청난 양의 수증기가 응결해서 구름이 되었다가 비로 쏟아지기를 반복하지. 이제 강풍이 불고 먹구름이 자욱하며 폭우가 퍼붓는 무시무시한 괴물, 태풍이 탄생한 거야.

태풍 애머에 의해 엿가락처럼 휘어져 버린 거대한 크레인들.

태풍이 시계 반대 방향으로 도는 이유

시계 반대 방향으로
회전하는 태풍

태풍은 코리올리의 힘에 의해 회전한다고 했지? 그런데 좀 이상한 점이 있어. 코리올리의 힘은 오른쪽으로 작용을 하니까 태풍이 시계 방향으로 돌아야 맞을 것 같은데, 시계 반대 방향으로 돈다는 거야. 왜 그럴까?

코리올리의 힘이 오른쪽으로 작용한다는 건 고기압이 불어 나갈 때를 말하는 거야. 그런데 태풍은 저기압으로 공기가 불어 들어가는 거잖아. 그러니까 방향도 반대가 돼서 시계 방향이 아니라 시계 반대 방향으로 회전해.

물론 이것은 북반구에서 그런 것이고, 코리올리의 힘이 반대로 작용하는 남반구에서는 태풍의 회전 방향이 시계 방향이 돼.

악마와 천사, 태풍의 두 얼굴

태풍이 불면 폭우가 쏟아지고 강한 바람이 부는 데다가 풍랑이 일고 바닷물이 육지로 넘쳐 들어와. 그래서 사람이 죽고 건축물이 부서지며 배가 침몰하는 등 큰 피해를 주지. 하지만 태풍이 나쁜 짓만 하는 건 아니야. 태풍의 가장 중요한 역할은 저위도 지역의 넘쳐 나는 열에너지를 고위도 지역으로 이동시켜서 저위도 지역이 너무 뜨거워지거나 고위도 지역이 너무 차가워지는 걸 막아 주는 거야. 그리고 비를 내려서 가뭄을 해소해 주고, 높고 거친 파도를 일으켜 산소를 바닷속에 섞어 주기도 해.

적조

또, 바닷물을 뒤섞어서 물의 순환을 도와주는 것도 태풍의 좋은 점이야. 물이 잘 움직이지 않으면 적조가 생겨서 양식장 물고기들이 떼죽음을 당하기도 하거든. 그러니 양식장 주인들은 적당한 태풍이 와 주면 고맙겠지?

태풍의 이름은 어떻게 지을까?

태풍에 이름을 붙이기 시작한 건 1953년인데, 처음엔 태풍이 강하게 불지 않길 바라는 마음에서 여자 이름으로 불렀다고 해. 하지만 지금은 태풍의 영향을 받는 우리나라, 북한, 미국, 중국, 일본, 캄보디아, 홍콩, 필리핀, 태국, 말레이시아, 베트남, 라오스, 마카오, 미크로네시아 등 14개 나라에서 10개씩 제출한 140개의 이름을 태풍이 발생하는 순서대로 번갈아 붙이고 있단다. 140개를 모두 사용하고 나면 새로 이름을 짓지 않고 1번부터 다시 사용하기로 했어. 다만 피해가 컸던 태풍의 이름은 다시 사용하지 않기로 했지.

우리나라가 제안한 태풍 이름은 개미, 제비, 나리, 너구리, 장미, 고니, 수달, 메기, 노루, 나비 등 10개야. 그리고 북한이 제안한 이름은 기러기, 소나무, 도라지, 버들, 갈매기, 봉선화, 매미, 민들레, 메아리, 날개 등 10개고. 그래서 모두 20개의 우리말 태풍 이름이 있는 거란다.

안녕, 깜상

20**년 8월 14일
무인도에서 태풍을 피할 곳은 없었어. 우리는 아무런 대책도 없이 태풍에 휩쓸렸어.

휘이이잉~

뿌아아앙~ 흐으으읍~

으아아아아아~

안 돼!
이제 제발
그만해!

바람이 조금씩
약해지고 있어.

어머, 저거 어떡해.
깜상의 몸이 시뻘겋게
달아오르고 있어.

179

태풍의 진로와
일생은 어떻게
정해질까?

그건
말이지.

태풍이 나아가는 방향을 정확히 알기는 힘들어. 어떨 땐 왼쪽으로 가고 어떨 땐 오른쪽으로 가지. 왔다 갔다 하기도 하고 한동안 제자리에 멈춰 있기도 해. 이렇게 종잡을 수 없는 태풍이지만 크게 보면 정해진 길은 있어.

먼저 태풍이 시작된 적도에서 위도 30도 지점까지 올 때는 서쪽 방향으로 움직여. 그곳에서는 무역풍이 서쪽 방향으로 불어서 무역풍의 영향을 받고, 또 북태평양 고기압에서 불어 나오는 바람의 영향도 받아. 그렇게 서쪽으로 비스듬하게 올라오던 태풍이 위도 30도를 넘어서면 동쪽으로 부는 편서풍의 영향을 받아 동쪽으로 방향을 바꿔서 올라와.

엄청난 거세를 가진 태풍도 고위도로 올라올수록 약해져. 태풍은 뜨거운 바닷물에서 에너지를 받는데, 위도가 올라가면 바닷물 온도가 점점 낮아져서 더 이상 에너지를 받지 못하기 때문이야. 그러다가 육지를 통과하면 많은 힘을 사용해서 더욱 세력이 약해져. 결국 태풍은 온대 저기압으로 바뀌었다가 사라지지.

편서풍

태풍이 주로
지나오는 경로

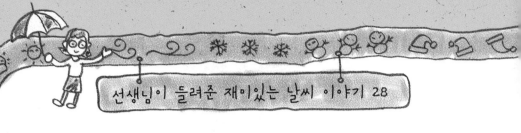

태풍은 왼쪽보다 오른쪽이 더 위험해!

태풍은 시계 반대 방향으로 불기 때문에 왼쪽보다 오른쪽 힘이 더 강해. 둥근 회오리인 태풍을 절반으로 나눈다고 생각해 봐. 오른쪽의 반원은 중심을 향해 불어가는 바람의 방향과 나아가는 방향이 같아. 그러니 힘이 세지겠지. 하지만 왼쪽의 반원은 중심을 향해 불어 가는 바람의 방향과 나아가는 방향이 반대가 돼. 서로 반대 방향으로 힘이 미치니 힘이 약해지지. 거기다 편서풍의 영향도 크게 작용해. 편서풍은 서쪽에서 동쪽으로 비스듬하게 불기 때문에 태풍의 왼쪽, 즉 서쪽은 불어오는 편서풍과 맞바람이 되어 세력이 약해지지. 반대로 오른쪽의 경우는 편서풍과 움직이는 방향이 같아서 편서풍이 태풍을 밀어 주는 역할을 해. 그러니 바람의 속도가 더 빨라지게 되지.

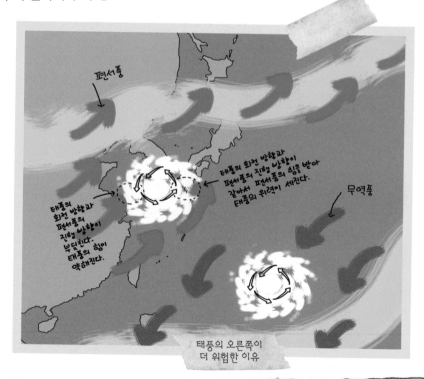

태풍의 오른쪽이
더 위험한 이유

태풍에도 눈이 있다?

거칠게 소용돌이치는 태풍의 한가운데에는 큰 구멍이 하나 있어. 그것을 태풍의 눈이라고 하는데 태풍 바깥쪽과 달리 바람이나 구름도 없이 맑고 고요해. 무시무시한 태풍 가운데에 이런 부분이 생기는 원인은 뭘까?

바람은 회전하면서 안쪽으로 빨려 들어갈수록 점점 더 강해져. 그런데 바람이 강해지고 회전이 빨라질수록 안쪽 공기가 바깥으로 나가려는 원심력도 점점 세지지. 원심력이란 원운동을 하는 물체가 원의 중심에서 멀어지려는 힘이야. 우리가 흔히 뺑뺑이라고 부르는 놀이기구를 생각해 보자. 뺑뺑이를 빨리 돌릴수록 바깥으로 몸이 쏠리잖아? 그게 바로 원심력이야. 이렇게 바깥에서 안으로 불어 들어오는 바람에 맞서 바깥으로 나가려는 힘이 작용해서 태풍의 한가운데에는 바깥 바람이 들어오지 않는 거지.

그리고 소용돌이치는 부분과 맑고 고요한 태풍의 눈 사이에는 두꺼운 구름 벽이 생기는데 이것을 눈의 벽이라고 해. 눈의 벽 바깥에서는 공기와 수증기가 소용돌이치며 올라가는 상승기류가 계속되지만, 안쪽에서는 하늘 위의 차고 맑은 공기가 아래로 내려오는 하강기류가 생겨서 날씨가 맑아.

태풍의 다른 이름

태풍이란 북태평양에서 발생하여 동북아시아로 오는 열대성 저기압의 이름이야. 태풍처럼 강력한 열대성 저기압은 발생 장소에 따라 다른 이름으로 불러. 북대서양 서부에서 발생하는 건 허리케인, 북인도양에서 발생하는 건 사이클론, 그리고 호주 부근 남태평양 해역에서 발생하는 건 윌리윌리라고 부르지.

29. 무지개

언젠가 우리 다시 만날 때에는

20**년 8월 15일

우리는 태풍 속에서 살아남았지만, 가장 소중한 친구 깜상을 잃었어. 하지만 슬퍼하지만은 않을 거야. 깜상은 내가 슬픔에만 빠져 있는 걸 원하지 않을 테니까.

일곱 빛깔 무지개가
생기는 이유는?

그건
말이지.

무지개는 비가 온 뒤 태양의 반대편에서 나타나. 그러니 무지개를 보려면 태양을 등지고 서야 하겠지? 비가 오다 막 개었을 때는 공기 중에 물방울이 많이 남아 있어. 햇빛이 물방울 속으로 들어가면, 들어가는 순간 한 번 굴절되고 물방울의 뒷면에서 반사된 뒤 나오면서 한 번 더 굴절돼.

햇빛은 자외선, 가시광선, 적외선으로 이루어져 있어. 다 익숙한 이름들이지? 자외선은 오존층이 흡수하는 해로운 광선이고 적외선은 열에너지를 가진 광선이라는 것, 또 가시광선은 우리 눈에 보이는 광선이란 건 이미 알 거야.

이 가시광선에는 빨강, 주황, 노랑, 초록, 파랑, 남색, 보라 이렇게 일곱 가지 색이 있어. 이 중 가장 파장이 긴 건 빨강이고, 보라색 쪽으로 갈수록 파장이 짧아. 햇빛이 물방울을 만나면 굴절이 되는데, 파장이 긴 색깔은 조금 꺾이고 파장이 짧은 색깔은 많이 꺾여. 색깔마다 굴절 각도가 다르기 때문에 무지개가 일곱 가지 색깔로 아름답게 펼쳐지는 거야. 이렇게 빛이 여러 가지 색깔로 나뉘는 걸 빛의 분산이라고 해. 물방울이 없어도 프리즘이라는 기구를 사용하면 햇빛이 굴절되어 일곱 가지 색으로 분산되는 걸 볼 수 있단다.

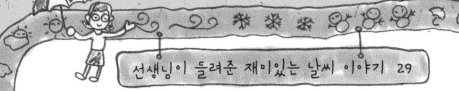
하늘이 파란 이유는 무엇일까?

　무지개가 햇빛의 굴절과 반사에 의해서 생긴 것이라면, 하늘의 파란색은 햇빛이 물체와 부딪쳐서 흩어지는 산란에 의해서 생긴 거야. 햇빛이 대기를 통과할 때 산소나 질소 같은 공기 입자에 부딪치는데 이런 것은 눈에 보이지 않을 정도로 아주 작은 입자여서 파장이 긴 색깔은 그냥 통과하는 경우가 많아. 하지만 파장이 짧은 색깔은 작은 입자에 부딪치며 산란이 일어나지.

　파장이란 파도처럼 위아래로 움직이며 나아가는 것의 간격이야. 파장이 짧으면 좁은 간격으로 위아래로 막 움직이며 가니까 작은 입자와도 자주 부딪치는 거지. 이렇게 파장이 짧은 보라나 파랑이 많이 산란돼서 하늘이 파랗게 보이는 거야. 그렇지만 우리 눈은 보라색보다 파랑에 더 민감하고 파랑을 더 잘 받아들여서 하늘이 보라색으로 보이지는 않아.

　그리고 하늘이 파랗지 않고 희뿌옇게 보이는 건, 대기 중에 물방울이나 먼지 같은 입자가 큰 것들이 많이 떠 있기 때문이야. 햇빛이 입자가 큰 물질에 부딪치면 여러 색이 다 산란되고 색깔이 섞여서 하얗게 보여. 이것을 가산혼합이라고 하는데 앞서 〈8. 구름〉에서 이야기했던 거야.

햇무리와 달무리

　'무리'는 빛 주위에 생긴 둥근 테두리를 말해. 햇무리와 달무리는 무지개의 일종이라 원리도 같아. 햇무리는 햇빛이, 달무리는 달빛이 대기 중에 떠 있는 물방울이나 작은 얼음 알갱이를 통과하면서 반사되고 꺾여서 만들어지지. 그리고 햇무리와 달무리는 비 오는 날처럼 공기 중에 수증기가 많이 있을 때 생긴단다.

시간은 미래로 이어진다

20*년 8월 21일
개학을 했어. 세상은 마치 아무 일도 없었던 듯이 굴러가고 있어. 우리는 깜상에 대한
이야기를 아무한테도 하지 않기로 했어. 다만 우리의 추억 속에만 남겨 두기로 했지.

엄마!

어이구, 우리 날씨 박사 오셨네.

아직 멀었어요?

아니, 이제 가야지. 정리하자.

힘들어. 그냥 둬.

걱정 마세요.

자, 가자.

어!

엄마, 저기 봐요. 별똥별이 떨어져요.

이상기후를
어떻게 막지?

그건
말이지.

지금 지구 곳곳에서는 바닷물의 온도가 갑자기 변하는 일이 벌어지고 있어. 적도의 수온이 달라지는 엘니뇨, 라니냐나 우리나라 부근 서태평양의 수온이 변하는 라마마 같은 현상이 그 예야. 또 지구온난화로 지구의 기온도 상승하고 있지.

원래 지구의 기후는 천천히 조금씩 변해 왔어. 하지만 최근 들어서는 기후가 지나치게 급격히 변하고 있는 게 문제야. 폭우가 쏟아지고, 가뭄이 들고, 폭염이 자꾸만 발생하고 있지. 이렇게 정상적인 상태를 벗어난 기후를 이상기후라고 해.

지구에서 벌어지는 이상기후 현상을 지켜보고만 있을 수 없어서 사람들이 팔을 걷고 나서고 있어. 1988년에는 기상학자, 해양학자, 빙하 전문가, 경제학자, 각 나라 정부 대표 등이 모여 '기후변화에 관한 정부간 위원회(IPCC)'를 만들어 기후 변화 협약을 맺기도 했고 말이야. 이처럼 많은 사람들이 지구온난화나 이상기후 현상을 막기 위해 여러 노력을 기울이고 있어.

그리고 1997년에는 지구 온난화의 원인인 온실 기체를 줄이기 위한 노력의 하나로, 세계 각국이 참여해 교토의정서를 채택했어. 또한 중동에는 탄소가 하나도 발생하지 않는 도시인 마스다르 시티를 건설하고 있지. 이런 국가적인 노력 말고도 개인적인 차원에서 에너지 효율이 높은 제품을 사용하는 사람들도 점차 늘고 있어.

IPCC의 2013년 기후 변화 보고회

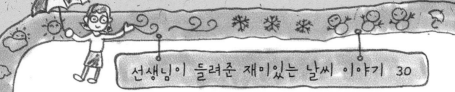

온실 기체, 이산화탄소를 줄이는 방법

우리가 일상생활에서 이산화탄소 배출을 줄일 수 있는 방법은 사용하지 않는 전자 제품의 플러그 뽑기, 에어컨 사용 시간 줄이기, 냉장고 문 여는 횟수 줄이기, 텔레비전 소리 줄이기, 세탁기 돌리는 횟수 줄이기 등 생각보다 훨씬 많아. 그리고 일반 차량에 비해 유해가스 배출량을 줄인 하이브리드카도 생산되고 있어. 최근에는 더 친환경적인 연료전지차가 개발되었다니 다행이지? 그 밖에도 태양의 열에너지를 이용하는 태양열주택을 짓는 것도 이산화탄소 배출을 줄이는 방법이야.

제로 탄소발자국을 찍자!

우리가 이산화탄소를 사용하면 땅에 남는 발자국처럼 대기 중에 이산화탄소 자국이 남아. 이렇게 개인이나 기업 등이 발생시킨 온실 기체의 총량을 탄소발자국이라고 해. 탄소발자국을 줄이기 위해 개인은 이산화탄소를 발생시키는 생활용품을 덜 쓰기 위해 노력하고, 기업은 제품을 만들 때 발생하는 탄소의 양을 계산해서 탄소발자국을 줄이는 계획에 이용하지. 정부는 탄소를 적게 발생시키는 기술로 만든 제품에 '저탄소 상품'이라는 스티커를 붙일 수 있게 해서 기업을 격려하기도 해. 소비자들이 지구를 사랑하는 마음으로 저탄소 상품을 골라서 구매한다면, 앞으로 제로(0) 탄소발자국을 찍는 데 도움이 될 거야.

세계 여러 나라의
탄소발자국